项目支持： 国家自然科学基金项目（72061018）
昆明理工大学哲学与社会科学研究创新团队项目（CX

Study on Novel DEMATEL
Decision Making Methods for Complex Systems

复杂系统DEMATEL
决策新方法研究

孙永河　黄子航　张　茹　任云帆　刘　爽 / 著

兰州大学出版社
LANZHOU UNIVERSITY PRESS

图书在版编目（CIP）数据

复杂系统 DEMATEL 决策新方法研究 / 孙永河等著.
兰州 : 兰州大学出版社，2025. 5. -- ISBN 978-7-311
-06916-2

Ⅰ．N945.1

中国国家版本馆 CIP 数据核字第 2025UM6025 号

责任编辑　包秀娟
封面设计　汪如祥

书　　名	复杂系统DEMATEL决策新方法研究
作　　者	孙永河　黄子航　张　茹　任云帆　刘　爽　著
出版发行	兰州大学出版社　（地址:兰州市天水南路222号　730000）
电　　话	0931-8912613(总编办公室)　0931-8617156(营销中心)
网　　址	http://press.lzu.edu.cn
电子信箱	press@lzu.edu.cn
印　　刷	西安日报社印务中心
开　　本	787 mm×1092 mm　1/16
成品尺寸	185 mm×260 mm
印　　张	11.25
字　　数	210千
版　　次	2025年5月第1版
印　　次	2025年5月第1次印刷
书　　号	ISBN 978-7-311-06916-2
定　　价	56.00元

（图书若有破损、缺页、掉页,可随时与本社联系）

前　言

在当前科技发展日新月异的大数据时代，社会经济环境充满复杂性和不确定性，竞争环境也变得日益激烈，这给组织管理带来了更多的发展难题。如何在错综复杂的情境中，迅速抓住管理的主要矛盾并对其采取行之有效的措施，便成为社会经济管理和决策研究中的一个重要课题。决策试行与评价实验室（decision-making trial and evaluation laboratory，DEMATEL）方法是一种能够揭示复杂系统因素间因果关联关系的因素分析方法。自20世纪70年代创立以来，DEMATEL方法因分析机理相对简单、系统各因素的因果关系图直观而受到国内外专家学者的广泛关注。该方法以图论和矩阵论为基础，分析复杂系统中各因素之间的内在关系，并将影响因素划分为因果组，从而为决策者提供更多有价值的信息。然而，随着社会生产各领域中的决策问题越来越多且变得日益复杂，传统DEMATEL方法存在的固有弊端使得其逐渐不能满足人们的决策需要。因此，本书将针对传统DEMATEL方法存在的固有缺陷，分析其核心内涵，从理论出发改善其与实际应用不匹配的问题，探究其存在弊端的内在原因以及方法运作的机理和规律。

首先，结合DEMATEL的具体流程步骤以及当前在DEMATEL决策专家遴选研究中存在的缺陷，提出了一种针对复杂系统DEMATEL决策专家的遴选方法。该方法以领域契合为先决条件，基于决策问题领域与各专家领域相似度计算，遴选出与决策问题领域相似度较高的专家，构建初选集；通过评估初选集内专家的信誉开展专家终选，通过证据理论思想对专家信誉信息进行融合，同时充分考虑信息的多源性，从证据质量与数量方面考虑其对于最终结果的影响并加以修正，得出更为可靠的专家信誉测度结果；在信誉测度中考虑不良推荐行为对专家信誉的影响，利用被推荐专家的信誉测度值来构建信誉削减系数，以对推荐者的信誉进行修正，并通过阈值设定遴选出高信誉专家群体，以构建决策专家终选集，从而为后续的DEMATEL分析流程筛选出可靠性较高的决策专家，从源头上确保决策专家的质量，进而提升

DEMATEL方法的分析效果。

其次，为减少对专家信息表达方式的限制，尽可能地保留异质数据的全面信息，本书提出了一种同类标度和差异粒度下的混合式群组DEMATEL新方法，从而为专家提供多种评价粒度选择，并用概率犹豫模糊语言术语描述专家判断的模糊性，引入语言层级思想实现差异粒度语言术语间的转化和专家信息的聚合。在此基础上，进一步构建出更具一般性的差异标度和差异粒度下的混合式群组DEMATEL系统因素分析方法，借鉴排序理论思想，将差异化群组矩阵转化为有序序列，并结合有序优先法在保留全部专家偏好信息特征的前提下，实现群组专家信息的有机融合。值得说明的是，在保证专家信息无损的前提下实现群组DEMATEL专家信息融合，不仅能够为提升DEMATEL决策分析质量提供新思路，而且也拓宽了DEMATEL方法在实践中的应用范围。

最后，针对DEMATEL方法的复杂应用情境，创新性地构建了中心度和原因度内在属性关联关系的理论推理模型，并基于DEMATEL方法与属性关联关系间的联系机理，将该模型与DEMATEL方法有机融合，实现了内在属性关联关系的科学客观推理，进而提升了中心度和原因度计算的准确度和精度。所提出的新方法可以在决策者"有限理性"的前提下解决DEMATEL方法对结果指标内在属性关联关系考虑不充分、不合理的问题，实现了对系统因素更为客观合理的分析。同时，以因素内部关联关系的复杂性作为研究切入点，有助于进一步探究复杂系统管理问题的特征和内涵，加之从方法应用的实际困境出发，运用抽象思维认识复杂系统管理的内部联系和本质规律，更加清晰地揭示了管理理论中各种复杂现象与问题认知路径中的显著差异。

综上所述，本书从专家遴选机制、多源信息融合机制以及考虑中心度与原因度关联关系三个角度剖析了现存DEMATEL方法的缺陷，创新性地提出了四种复杂系统DEMATEL决策新方法，为全面、清晰地认识复杂系统决策问题提供了理论方法支撑。

目　录

第1章 绪 论

1.1 选题背景及问题提出

决策是人们为了实现某一特定目标，以掌握的有限信息为前提，根据主观条件的可能性，借助某些工具、技术和方法，对影响预期目标实现的各类因素展开分析与计算，并基于此，进行方案优选来引导未来行动方向的行为。第二次世界大战以来，决策理论以系统理论为核心基础，同时吸纳了行为科学、运筹学和计算机科学等研究成果后得到了快速发展，目前已形成了一套包含决策过程、准则、类型及方法的较完整的理论体系。决策活动在人类历史上普遍存在并占据着重要地位，大到国家政策，小到人民的日常生活，处处与决策密不可分。在早期的决策活动中，人们的决策依据主要为自身经验与智慧，决策方式多为主观判断，但随着世界文化的发展，政治、军事、经济以及科学等领域所面临的决策问题日趋复杂化，传统的决策方式没有科学方法做指导，难以应对当时的复杂情形。因此，科学的决策方法引起了人们的广泛重视，同时也吸引一大批专家学者对其展开了一系列研究与探索。在此期间，大量优秀的有关科学决策的理论成果不断涌现，同时随着研究的深入，学者们发现绝大多数社会、经济决策问题都涉及多类决策相关者、多重决策准则、属性间的关联影响等复杂问题。当研究者将这些因素纳入决策研究的考虑范围时，给决策带来了更多的不确定性和复杂性，但与此同时，这样的复杂决策可以更好地考量并解决现实问题。因此，在充分考虑复杂系统因素间相互影响的基础上，复杂系统管理决策已成为如今甚至未来的一个决策研究的热门领域，其研究成果可以帮助决策者进行决策相关因素的协调管理，以提高决策的系统性和科学性。

目前的研究成果中，DEMATEL方法最早是由Fontela和Gabus于20世纪70年代提出的[1]。该方法作为一种基于因素间相互影响关系的关键因素分析方法，为复杂系统中因素间的影响关系分析提供了新的科学视角，得到了国内外学者的推崇和关注。该方法基于图论，通过对复杂系统中因素之间的直接影响关系进行判断，从而构造系统因素之间的直接影响矩阵，并计算各因素的影响度、被影响度、原因度与中心度，以此揭示系统要素的内在因果关系并识别关键因素，让决策者对系统因素间的关联性有更深刻的认识。目前，DEMATEL方法已被应用于企业管理[2]、供应链管理[3]、风险管理[4]、环境科学[5]等诸多领域。

在复杂系统决策中，DEMATEL方法已在诸多领域得到广泛应用。在运用DEMATEL方法进行系统因素分析时，往往需要群组专家给出初始评价信息。然而，在该方法的应用过程中也暴露出如下问题。第一，在专家遴选机制方面，因缺乏明确的专家邀请依据和清晰的遴选流程，可能导致参与决策的专家质量参差不齐，从而影响决策结果的科学性和合理性。第二，在多源信息融合方面，DEMATEL方法不仅存在预先给定的评价粒度和标度与部分专家的偏好不匹配的情况，而且其异质判断矩阵信息集成技术也有较大的局限性。第三，传统DEMATEL方法在考虑中心度和原因度的内在属性关联关系时，不仅因缺乏理论依据而过于主观随意，而且也未充分考虑决策者"有限理性"问题，从而导致方法的灵敏度不足。上述问题严重影响了DEMATEL方法在复杂系统决策中的准确性和有效性。本书将围绕这些问题展开研究，以进一步创新和发展DEMATEL方法。

1.2　研究意义

现实决策情境具有复杂性、易变性、非线性等特征，传统DEMATEL方法及其相关应用在实际复杂情境中逐渐暴露出专家遴选机制不明晰、中心度和原因度内在属性关联考虑不足等诸多问题。为此，本书基于非线性复杂系统思维观，对DEMATEL予以系统研究，具有如下理论意义与实践意义。

1.2.1　理论意义

从决策的科学性角度看，精准的专家遴选是保障决策科学合理的关键前提。阅读并分析大量以DEMATEL为主题的文献后发现，现有文献主要集中于方法改进与方法应用两个方向，这些文献对邀请专家过程的描述多是简单概括。有的文献虽提及应在评价活动前通过相应准则遴选出评价专家，却未给出具体的专家遴选过程。基于此，本书提出的DEMATEL决策专家遴选方法弥补了专家遴选在DEATEL研究中的缺失，为DEMATEL决策专家遴选提供了思路和方法。这不仅增强了研究的科学性，也为DEMATEL方法的广泛应用奠定了基础。

在多源信息融合方面，国内外对于DEMATEL决策专家信息偏好表达的研究成果主要集中在语言粒度的拓展以及用模糊性语言模拟决策的不确定性上，也有不少学者对差异粒度之间的转化进行了研究，但是其研究主要集中于同类标度表达方式下的差异粒度语言转化。本书通过梳理语言粒度转化和异质数据集成的研究成果，基于DEMATEL决策专家偏好信息的表达特点，将专家决策情境分为同类标度和差异粒度下的群组决策情境与差异标度和差异粒度下的群组决策情境，并分别提出了这两种群组决策情境下的DEMATEL新方法。该新方法减少了对专家信息表述方式的人为束缚，为提高专家偏好表达的灵活性提供了决策支持，同时为DEMATEL决策专家信息集成提供了新思路。

考虑到中心度和原因度关联方法在传统应用中的缺陷，通过对已有的考虑中心度和原因度内在属性关联关系的DEMATEL拓展方法文献进行深入研究，分析了现有考虑属性关联的DEMATEL方法参数偏好信息判断、属性关联关系推断等方面存在的缺陷，通过系统阐述相关理论思想及方法改进的优势，提出了一种科学可行的考虑中心度和原因度内在属性关联的DEMATEL决策方法。在"有限理性"假设下，通过科学推理专家偏好并将其转化为属性关联关系，为DEMATEL方法的应用提供了重要的理论和方法支持。这一创新不仅弥补了传统DEMATEL研究中专家偏好处理的不足，也增强了该方法在解决复杂决策问题时的合理性和实用性，为系统关键因素的识别和决策优化奠定了坚实的基础。

1.2.2 实践意义

从实践角度看，通过具体的准则与方法遴选出高质量专家参与复杂决策，有利于决策活动组织者根据环境变化动态地判断系统中影响因素间的内在联系，从而选择更适合其未来发展的行动方案或对当前面临的难题提出关键的解决对策。本书提出具体的DEMATEL决策专家遴选方法，为企业、政府等各类组织提供复杂系统决策分析支持，使决策专家的邀请变得有理有据，进而为决策结果的专业性与准确性提供有力支撑，避免了错误决策导致的时间成本与资金成本的浪费，降低了决策风险。总而言之，该方法可为这些单位与组织的持续健康发展提供决策分析方法的保障。

DEMATEL决策方法的关键在于专家评价时的信息是否真实可靠，而专家评价过程中能否选择匹配自身知识结构和认知特点的信息表达方式对信息质量具有重大影响。本书所提的新方法可以为群组专家在实际决策中灵活表达自身偏好提供多样化的选择，从而对提高专家决策质量产生较强的实践意义，同时也拓展了DEMATEL方法在解决复杂现实问题时的可操作性。

考虑中心度和原因度内在属性关联的DEMATEL方法可以辅助决策者深入理解系统要素间的相关关系，从而帮助决策者做出最优决策。但是，在已有相关方法的实际应用中，往往因专家难以给出所有方法所需的参数而导致方法可操作性差，同时方法设计不尽合理导致研究结果与专家经验存在显著矛盾。这些会引发决策逻辑混乱，客观上加重了专家群体的决策认知负荷。鉴于此，在考虑专家"有限理性"的决策前提条件下，通过科学系统地改进方法机理，以简化专家偏好参数的推理过程，从而提高DEMATEL方法对系统要素间影响关系的剖析能力；通过科学透彻地挖掘系统要素间的相互影响关系，以确定系统核心要素，这些对于现实中组织管理者做出科学决策和实现组织可持续发展具有重要现实意义。

1.3 研究框架与技术路线

1.3.1 框架结构

本书以DEMATEL方法为研究对象，针对DEMATEL方法与群组决策理论融合应用过程中专家遴选机制不合理、专家信息融合过程中预设评价粒度和标度与部分专家偏好不匹配的情况，以及传统DEMATEL方法确定中心度和原因度二者内在属性关联关系过于主观随意、理论依据不足等问题，首先系统剖析了传统DEMATEL方法在专家遴选机制、信息融合和要素关联分析三方面的内在缺陷，然后针对这些缺陷分别进行了方法的创新性研究，最后开展了本书所提新方法在实际案例中的应用研究，以初步验证所提新方法在实践应用中的可行性和可操作性。

全书共包含九章，具体内容如下：

第1章，概述研究背景并提出亟待解决的问题、研究意义，指出研究的主要内容，明确研究的切入点，介绍本书的主要研究内容结构及创新点。

第2章，从研究的关键点出发，在综述复杂系统DEMATEL方法最新研究进展的基础上，不仅对专家遴选机制与多源信息融合机制的相关研究进展进行了文献综述，而且对考虑中心度与原因度之间关联关系的有关研究进展进行了文献综述。此外，本章也概述了研究所涉及的相关基础理论，如复杂系统理论、群组决策理论、D-S证据理论及Choquet理论等。

第3章，系统分析了传统DEMATEL方法在专家遴选机制、多源信息融合机制、考虑中心度和原因度关联方法三方面的缺陷，为后面创新复杂系统DEMATEL方法夯实基础。

第4章，研究如何科学合理地构建复杂系统DEMATEL中的群组专家遴选模型，提出DEMATEL方法中专家遴选模型的改进思路，即在基于领域契合的专家初步遴选的前提下，通过信誉测度开展DEMATEL决策分析专家的最终遴选。

第5章，针对群组专家在同类标度和差异粒度下的混合式判断信息情境，本书致力于构建融合差异粒度的混合式群组DEMATEL方法。具体创新思路如下：首先，以概率犹豫模糊语言术语集为群组专家评价标度，允许专家在该评价标度下自行选择评价粒度；其次，使用粒度转换函数转换不同的评价粒度，建立多粒度评价信息的自适应转换机制，在不损失专家判断信息的前提下，使同类标度和差异粒度下数据信息所反映的内涵一致；最后，用得分函数实现由概率犹豫模糊语言术语到精确数的转换。

第6章，针对群组专家在差异标度和差异粒度下的混合式判断信息情境，提出构建融合跨标度混合式群组DEMATEL方法，重点突破混合标度与混合粒度协同转化难题。具体创新思路为：首先，借助排序理论将直接影响矩阵转化为影响强度有序序列，使差异标度和差异粒度下数据信息所反映的内涵一致；其次，引入有序优先法（ordinal priority approach，OPA）中的线性规划模型处理已有强度有序序列，借助动态调整专家权重和有序序列中元素相对影响强度的新思路，实现专家信息聚合。

第7章，提出考虑中心度和原因度属性关联的DEMATEL新方法。具体实现思路为：针对现有属性关联关系推理模型存在的缺陷，提出了一种中心度和原因度内在属性关联关系的科学推理模型；对关联属性的性质特征进行科学合理的筛选与推断，进而对中心度和原因度的内在属性关联关系进行推理，以改善DEMATEL方法中对中心度和原因度指标属性内在关联的科学性分析，从而增强该方法在实际应用过程中的可操作性及可推广性。

第8章，开展相关理论方法的实证应用研究，以验证本书所提出方法的科学合理性和实践应用可行性。

第9章，总结全书，并提出研究展望。

1.3.2 技术路线

本书的研究技术路线如图1.1所示。需要强调指出，在该图中，双线箭头反映箭尾元素对箭头元素的支撑关系或研究内容分解过程，单线箭头仅表达研究模块间的逻辑分解或递进关系。

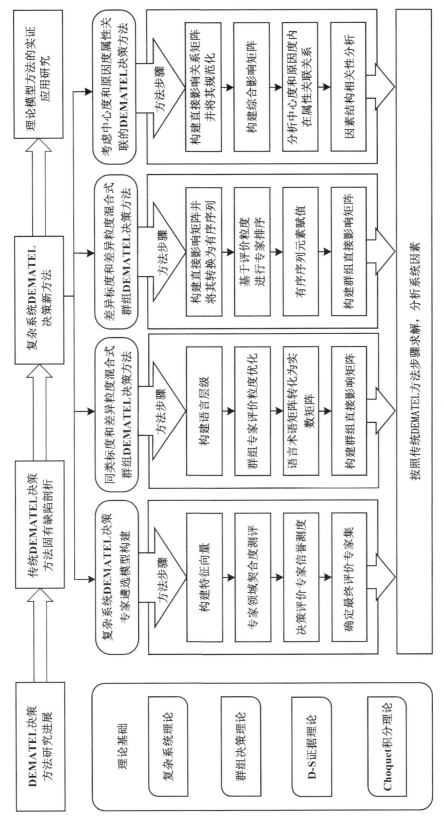

图 1.1　技术路线图

第2章　相关研究文献综述与理论基础

为了提供复杂系统DEMATEL决策新方法研究的理论支撑，本章给出了研究问题的理论背景，明确了选题的研究进展情况，找到了研究的结合点和切入点。本章内容安排如下：第一节，对DEMATEL方法的研究进展进行综述；第二节，对DEMATEL方法中有关专家遴选机制的研究进展进行综述；第三节，对多源信息融合机制研究进展进行综述；第四节，解析考虑中心度与原因度关联关系的研究进展；第五节，给出本研究涉及的相关理论；第六节，对本章进行总结。

2.1　DEMATEL方法研究进展综述

DEMATEL自20世纪70年代由美国学者Fontela和Gabus创建以来，因其能较为科学地处理复杂系统因素分析问题而备受国内外学者的推崇和关注[6]。该方法是一种基于图论和矩阵理论对复杂系统因素之间内在关联关系进行分析的思维工具，目前已在商务管理[7]、工程实践[8]、社会科学[9]、生产制造[10]、环境科学[11]、医疗管理[12]等诸多领域得到了广泛应用。结合当前最新的研究进展，下面按DEMATEL方法运作的逻辑顺序，从系统结构、评价标度、自依赖关系（self-dependence relationship，SDR）、中心度与原因度确定、关键因素辨识等5个方面，对其研究现状及发展动态予以综述分析。

2.1.1　关于DEMATEL系统结构的研究进展分析

近年来，伴随着DEMATEL方法在复杂社会经济领域掀起井喷式应用热潮[13]，诸多学者在应用该方法解决复杂问题的过程中已对DEMATEL系统结构予以重点关注，从收集到的最新文献看，主要进展如下。

Su 等 [14] 在解决可持续供应链管理问题时，首次明确提出了层次型 Grey-DEMATEL 的概念，并直接给出了该问题的层次结构，但在运用 DEMATEL 分析时仅对下层的 22 个因素进行了分析，与其关联的可持续计划、可持续运行控制等 4 个上层因素则在分析过程中直接被忽视，因此他们对层次型 DEMATEL 的关联结构、系统结构与实现方法匹配等核心技术的关键理论认知存在明显不足。类似地，Wang 等 [15] 虽未明确指出 DEMATEL 层次结构的概念，但在运用 DEMATEL 开展煤炭生产安全影响因素分析时，实质上也使用了系统层次结构体系，同样仅对该体系中的二级指标进行了 DEMATEL 分析，因此他们的分析也难以避免地存在"结构—方法"匹配性差等理论缺陷；Meng 等 [16] 在构建近海平台泄漏事故动态定量风险评价模型时，虽然也构建了反映生产平台风险指标的 3 层系统结构，但在 DEMATEL 的应用过程中也仅对底层的 35 个指标因素进行了分析，显然这一研究也存在上述理论缺陷。在高度认可上述复杂系统 DEMATEL 层次性特征的基础上，Song 等 [17] 结合可持续在线消费障碍分析问题，提出了一种新的层次型 Rough-DEMATEL 方法。然而，遗憾的是：一方面，Song 等 [17] 与 Su 等 [14] 的做法类似，他们在进行 Rough-DEMATEL 分析时，也仅对影响在线可持续消费的底层 9 个因素进行了研究，而对分析结构上层的 4 个因素（公司与卖家相关障碍、生产相关障碍、政府政策相关障碍、个体相关障碍）则未给予任何阐释，显然他们的分析也存在系统结构与实现方法匹配性差等内在不足；另一方面，本书的主旨是 Rough-DEMATEL 方法研究，但实际研究的是如何结合 Rough-DEMATEL 方法以及解释结构建模（interpretive structure modelling，ISM）法构建反映可持续在线消费障碍问题的系统层次结构，从逻辑学视角看 Rough-DEMATEL 方法存在的明显本末倒置、逻辑思维混乱的弊端。

与上述文献对 DEMATEL 系统结构的片面认知不同的是，一些学者表达了不同的看法，他们认为应该对不同层次的系统因素予以 DEMATEL 分析 [7]。具体地，Yadegaridekordi 等 [18] 将 DEMATEL 方法与自适应神经模糊推理系统（adaptive-network-based fuzzy inference system，ANFIS）有机集成，用以预测大数据吸纳对于制造业公司绩效产生的定量影响。从该文的 DEMATEL 方法系统结构看，作者将影响大数据吸纳的影响因素划分为准则层和指标层两个层级，准则层包括技术、组织和环境准则，后将这些准则进一步细分为复杂性、能力、收益感知、技术资源等 27 个指标。虽然该文从复杂系统分析结构层面展现了马来西亚影响制造业大数据吸纳的 DEMATEL 系统因素的层次性特征，并对准则层和指标层因素分别构建了相应的直接影响矩阵，但是尚未考虑准则层因素与指标层因素在 DEMATEL 分析过程中的有机联系。换言之，在DEMATEL分析过程中，作者忽视了低层因素对其直接关联的高层因素的作用及价值贡献。同样地，在Zhang等[7]的研究中，针对知识密集型众包参与者的评估，应用模糊DEMATEL时也存在类似的问题。在此基础上，Du等[19]系统地提出了复杂层次DEMATEL模型，通过横向与纵向两个维度对复杂系统进行层次结构分解，其所构建的超级初始直接影响矩阵，反映了同一层次因素以及隶属于不同层次的因素之间的关联关系，为探索DEMATEL层次结构理论奠定了研究基础，但其在非线性机理关系如何进一步有效反映等方面仍存在较大的拓展空间。

通过上述分析及图2.1可知，虽然专家学者已经认识到了复杂系统DEMATEL因素间所具备的层次性特征，但是目前在理论层面，系统层次结构与DEMATEL分析方法的综合集成与有机契合尚未被有效实现。接下来，亟待进一步在层次性DEMATEL分析方法领域开拓创新。

2.1.2　关于DEMATEL评价标度的研究进展分析

本研究查阅了源于Elsevier SD、Emerald、IEEE、Springer、Informs、Willey-Blackwell等数据库近10年发表的3000篇与DEMATEL相关的学术论文。从统计分析结果看，有近98%的DEMATEL论文创新点与其评价标度具有一定的相关性，这充分说明DEMATEL评价标度已成为专家学者关注的焦点。DEMATEL评价标度作为一种将专家定性语言判断转化为定量数据的工具，实质上涵盖了两个层面的内容，即定性语言术语集与定性语言对应的数学表达方式（即专家偏好信息的数量化表达）。因此，下面将从定性语言术语集与定性语言对应的数学表达方式两方面分别对DEMATEL评价标度的相关文献予以综述。

2.1.2.1　DEMATEL语言术语集的研究进展

从收集到的相关文献看，DEMATEL系统因素甲对乙的直接影响关系可划分为若干个不同的定性语言级别（多属性或多准则决策领域将其称作语言粒度），早期Fontela和Gabus提出DEMATEL常规使用的"无影响""影响小""影响适中""影响大"（即粒度为4）迄今已被拓展成多样化的语言术语集［即呈现出不同的粒度（参见表2.1），如3，4，5，6，7到$N+1$（N为任意假定的正整数，且$N \geq 2$）］。一般而言，DEMATEL语言粒度的大小与拟分析问题的复杂程度呈正相关关系，即拟分析的现实问题复杂程度越高，专家判断语言粒度应越大。然而，一方面，针对如何科学确定DEMATEL语言粒度而保证语言粒度与系统问题

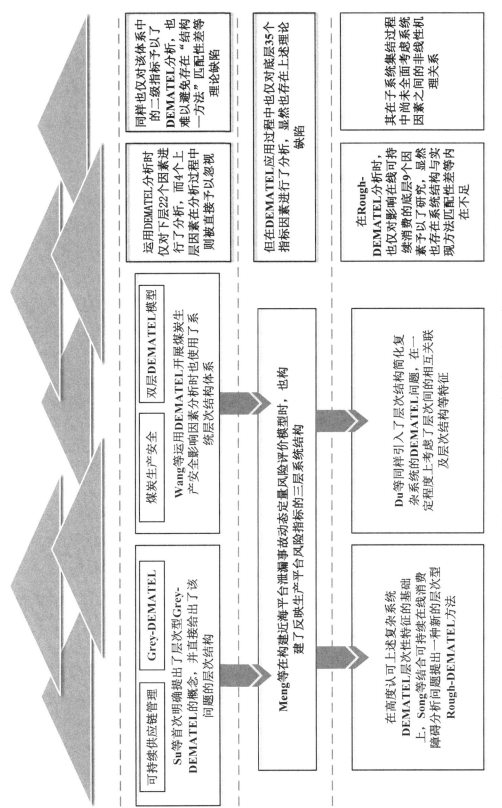

图 2.1　DEMATEL 系统结构研究进展框架

相匹配的问题，现有文献尚未见研究报道。参照Saaty教授在研究层次分析法（analytic hierarchy process，AHP）和网络分析法（analytic network process，ANP）标度问题时经大量心理学实验验证得出的结论，粒度超过9的专家语言术语集可能存在较大问题（如Dytczak等[20]、Sheng等[21]学者使用的语言标度）。另一方面，现有DEMATEL相关文献在系统因素分析过程中绝大多数均人为假定所有专家均使用同一种定性语言术语集，显然因难以反映不同专家对同一问题判断的心理认知差异而与现实情境不相符。事实上，在管理决策领域，一些学者已经积极关注多粒度语言术语集的问题并开展了一些有益的探索[22]，但针对DEMATEL系统分析问题，鲜有研究者开展多粒度语言术语集DEMATEL方法的系统研究。为此，我们分别结合专家犹豫模糊语言偏好信息和二元语义模糊语言偏好信息的多粒度单一定量信息表达方式，提出了相应的群组DEMATEL决策方法[23]。然而，针对更具一般性的差异粒度混合式专家判断定量信息表达［即针对同一问题不同专家构建初始直接影响关系（initial direct-relation，IDR）矩阵过程中使用的定性语言术语集粒度不完全相同，专家判断定量信息表达可能使用点估计数、三角模糊数、灰数以及区间数等］目前尚未见相关研究报道，需要进一步深入探索研究。

2.1.2.2　DEMATEL专家偏好信息数量化表达的研究进展

从目前来看，学术界对DEMATEL的理论研究几乎全集中在专家偏好信息的数量化表达方式上，从最初的非负整数、三角模糊数（triangular fuzzy numbers，TFNs）、直觉模糊数（intuitionistic fuzzy numbers，IFNs）、犹豫模糊数（hesitant fuzzy numbers，HFNs）、灰数（grey numbers，GNs）到最近专家学者使用的区间数（interval numbers，INs）、毕达哥拉斯模糊数（pythagorean fuzzy numbers，PFNs）、区间值犹豫模糊数（interval-valued hesitant fuzzy numbers，IVHFNs）、区间值直觉模糊数（interval-valued intuitionistic fuzzy numbers，IVIFNs）、区间二型模糊数（interval type-2 fuzzy numbers，IT2FNs）、Z-Numbers、单值中智数（single-valued neutrosophic numbers，SVNNs）等的复杂表达方式（详见表2.1），都试图更加科学地刻画和描摹专家在DEMATEL判断过程中的模糊性与不确定性，从而形成这些多样化的偏好信息数量化表达方式与DEMATEL相结合的创新性成果[10, 17]，其中以模糊DEMATEL与灰色DEMATEL两类研究成果偏多。从Si等[13]的统计分析看，这两类成果占比分别达18.2%、3.5%。然而，从理论层面分析，目前DEMATEL方法在专家偏好信息数量化表达方面的研究尚存在以下几点不足。

表2.1　DEMATEL语言标度类型、特征及相关典型文献

标度类型	定量信息表达方式	语言术语集粒度	相关典型文献
点估计值语言标度	非负整数(0,1,2)	3	[15]
	非负整数(0,1,2,3)	4	[24]
	非负整数(0,1,2,3,4)	5	[17];[25]
	非负整数(1,2,3,4,5)	5	[26]
	非负整数(0,1,2,…,N)	$N+1$	[21]
	区间数	5	[27]
模糊语言标度	三角模糊数	5	[8];[28];[29];[30]
		6	[31]
		11	[22]
	直觉模糊数	5	[32];[33];[34]
	三元模糊数	5	[35]
	三角直觉模糊数	5	[36]
	毕达哥拉斯模糊数	7	[10]
	区间值犹豫模糊数	未阐述	[37]
	区间值直觉模糊数	5	[11]
	区间二型模糊数	7	[38]
灰色语言标度	灰数	5	[39];[40]
		6	[41]
Z-Number语言标度	Z-Numbers	5	[42]
中智集语言标度	单值中智数	5	[43]

第一，复杂的专家偏好信息数量化表达方式实质上有效反映DEMATEL专家判断过程中的模糊性和不确定性的能力是极为有限的，其原因涉及两方面。一方面，虽然从数学机理上看，复杂的专家偏好信息数量化表达方式有利于反映专家判断过程中内在和（或）外在的不确定性和模糊性，但在面向实践问题的决策分析时，邀请的各类决策分析专家往往受限于自身掌握的数理知识而很难理解复杂的数量化信息表达（如PFNs、IVHFNs等）的数量内涵，多数情境下他们仅能理解并给出评价标度中关于直接影响的定性判断语言信息，因此复杂的数量化信息表达试图揭示专家不确定性和模糊性的实际效用大打折扣，最后体现的多是人为的、表面上的方法

复杂化，导致走向片面追求"模型复杂化"的误区。另一方面，各类数量化表达的后续方法处理技术自身也存在一定的局限性[44]。比如，从同时反映专家个体内在不确定性和专家之间的人际不确定性的能力看，一般模糊集理论、灰色理论、二元语义模糊集理论均有自身的技术不足；从处理不完备信息及完全无知的信息能力看，一般模糊集理论、直觉模糊集理论、灰色理论等也存在技术局限性。

第二，机理复杂的数量化表达方式是否比传统点估计（非负整数）数量化表达方式更为有效，仍缺乏有效的科学验证。例如，Z-Numbers、二维不确定语言评价值要求专家在DEMATEL分析判断过程中不仅要输入因素之间直接影响关系强度的判别信息，而且要输入可提升判别结果可靠性的附加信息[45, 46]。就理论创新层面而言，这虽然有较强的创新价值，但是请专家输入可提升自身判断结果可靠性的附加信息，本质上相当于在信息判断主观面临不确定性的情况下再次进行不确定判断，显然这一苛刻要求事实上已远远超出专家主观感知和处理信息的能力[46]，其信息质量的高低是不言而喻的。另外，从实践验证层面来看，自Dytczak等[20]通过一系列数值实验验证后提出关于DEMATEL"引入模糊判断信息是否必要"的质疑以来，有关DEMATEL的文献尚未从大量的仿真实验视角揭示这一核心问题，仅是通过个案数据来论证各类复杂数量化表达方式下DEMATEL的科学合理性，或是从定性分析的视角进行简单的方法对比分析。因此，目前来看仍难以从系统认知层面揭示基于各类机理复杂的数量化表达方式的DEMATEL拓展方法的有效性。

综上所述，现有文献对DEMATEL标度的理论研究呈现出定量化数学表达方式的深化和技术复杂化的趋势。另外，现有文献尚未反映系统因素之间负向影响关系（如新冠疫情冲击对企业复工复产的影响、个体吸烟行为对其健康的影响等）的负向标度，且绝大多数DEMATEL文献显示，因在IDR矩阵信息提取时不允许评价专家按自身认知偏好选择特定的评价标度（包括定性语言粒度及数量化信息表达方式），故难以反映来自不同领域、不同专业背景专家的多重价值偏好。同时，现存的DEMATEL评价标度也难以反映不同专家对不同语言集下个性化语义的理解。根据这一问题，Li等[47]提出了个性化个体语义（personalized individual semantics，PIS）的概念，通过INs标度和2元语义[48]来表示语言偏好关系，并通过PIS获得了语言术语集的个性化数字标度，该数字标度能反映出实际中多专家语言标度的差异。但目前尚未形成将PIS与DEMATEL相融合的相关研究成果。因此，下一步应系统探索更符合现实决策情境的多专家差异标度（表现在定性术语语言粒度和数量化表达方式的差异）和复合标度（在IDR矩阵中，既有反映因素之间正向影响关系的"正向标度",也有表达因素之间负向影响关系的"负向标度")下的群组 DEMATEL 决策方法。

2.1.3　关于 DEMATEL 因素自依赖关系的研究进展分析

日本学者 Tamura 等[49]最早发现 DEMATEL 在因素影响分析时忽视因素自身强度(本书将其称作因素自依赖关系)的问题,并在考虑该问题的基础上提出了随机 DEMATEL 算法[6]。然而,随机 DEMATEL 算法因存在柔性数据表达差、难以处理不完备评价信息以及要求一些特定假设或预先定义的函数等内在不足而未引起诸多专家学者的关注[44]。尽管存在上述弊端,但随机 DEMATEL 算法对学术界的重要贡献在于首次明确提出了因素自身影响强度的概念,强调这一概念在 DEMATEL 分析过程中是不容忽视的,Tamura 等也针对这一类型问题的研究做出了创新性的学术贡献。之后,新西兰学者 Michnik[50]较为详细地阐释了 DEMATEL 因素自依赖关系的内涵,并将考虑因素自依赖关系的 DEMATEL 方法定义为 WINGS 方法。但是,在 WINGS 方法中,Micknik 参照决策分析者选定的 DEMATEL 标度,请专家对反映因素自依赖关系的影响强度予以直接赋值。事实上,这种赋值方法使得专家在实际判断过程中存在着极大的困惑,如因素自依赖或自我影响关系的确定依据是什么,以及因素自依赖从心理学视角看是如何被科学感知的。遗憾的是,对于上述问题,Michnik 并未在文中进行任何论证和说明,因此从目前收集到的资料看,之后的 DEMATEL 相关文献绝大多数在 IDR 矩阵构建过程中并未考虑系统因素的自依赖关系,其深层次的原因可能是因素自依赖关系概念内涵含糊不清而难以使专家做出有效判别。中国台湾学者 Chen 等[51]在探究 DEMATEL 矩阵运算的收敛性问题时,虽然在 IDR 矩阵构造过程中直接给出了因素自依赖关系强度的具体数值,但未做任何理论说明。事实上,对此问题李春好等[52]在研究尖锥网络分析法时就因素自依赖关系明确指出,从时间静态视角看,任何系统元素都不会对自身产生影响,只有从时间动态上分析元素的自依赖关系才有意义。然而,迄今仍未见从时变系统动态变化视角深度探索 DEMATEL 方法的相关研究报道。

通过上述分析可知,迄今学术界关于 DEMATEL 因素自依赖关系的研究仍停留在初级阶段。目前,针对因素自依赖关系的判别存在较强的主观随意性,如何从因素自依赖关系的内在作用机理层面揭示其科学内涵仍是一个理论难题。因此,下一步可从反映系统动态性、非线性特征的因素之间的相互影响过程,深入探索 DEMATEL 因素自依赖关系。

2.1.4　关于DEMATEL中心度与原因度指标确定的研究进展分析

传统DEMATEL及其近年来相关的DEMATEL拓展方法[2, 25]在影响度和被影响度确定时99%以上的文献采用了简单线性加和法〔即因素影响度取值为该因素对应的综合影响关系（total direct-relation，TDR）矩阵行元素取值之和，因素受影响度取值为该因素对应的TDR矩阵列元素取值之和〕，显然以简单的线性思维（1+1=2）难以反映复杂系统因素之间蕴含的影响关系。为此，我国学者章玲教授等[53]率先发现了DEMATEL所存在的上述缺陷，并结合文明城市评价的现实问题，考虑到DEMATEL指标间不满足独立性，利用λ模糊测度对原因指标（集）的重要程度进行建模，再用Choquet积分求解城市文明综合测度值。之后，Cebi[54]也运用上述基于Choquet积分求解DEMATEL系统因素影响度和被影响度的理论思想，解决在线网站设计质量评价模型的建构问题。最近，Abdullah等[11]一方面将区间值直觉模糊数引入DEMATEL，替代传统DEMATEL使用的点估计数，试图充分反映专家判断过程中的不精确性和信息模糊性，但IVIFNs是否比IFNs、TFNs在解决DEMATEL专家判断问题时更有优势，从该文的对比分析结果来看仍难有结论；另一方面也重点关注了TDR矩阵中反映因素影响关系的影响度和被影响度指标在计算过程中的线性加和问题，指出中心度和原因度在形成结构相关矩阵时忽视了两者的属性关联，并采用Choquet积分方法揭示TDR矩阵中行（列）元素之间的内在关系，显然其操作方法仍是沿用章玲教授等所提的Choquet积分解决思路[55]。事实上，在应用多属性决策Choquet模型时，需要专家给出各属性容量集中的容量个数（为属性个数），当值较大时模型会因专家的判断任务过于繁重而导致指数灾难问题，从而使得Choquet积分模型的实践应用可操作性变差[56, 57]。目前来看，无论是λ模糊测度模式、k-可加模糊测度模式还是夹挤式等其他容量测度模型均存在一定的技术缺陷，因此在多属性决策Choquet模型创新领域，如何充分考虑属性容量判断的可行性与容量推算的精确性，探索出普适性更强的属性集容量确定模型，仍是学术界面临的一个重要研究难题。

综上所述，下一步如何结合复杂系统DEMATEL的因素特征，通过深度拓展Choquet模型，有效解决中心度与原因度指标的内在属性关联问题，仍是专家学者在DEMATEL理论层面实现原始创新的一项重要基础性研究工作。

2.1.5　关于DEMATEL系统关键因素辨识的研究进展分析

系统关键因素辨识是DEMATEL方法实现步骤的最后一个技术环节，对于人们认知复杂事物的核心、抓住事物的主要矛盾以有效解决复杂社会经济问题至关重要。然而，传统DEMATEL仅指出通过绘制系统因素间的因果关系图（即以中心度为横坐标、原因度为纵坐标绘制出的因素关系图）分析得出关键因素[2]。显然，传统DEMATEL给出的这种关键因素辨识方法因缺乏清晰的判别规则和客观的证据信息，使得决策者经常难以在因素中心度与原因度两者之间进行有效权衡，从而致使决策结果具有较强的主观武断性。为克服上述缺陷，一些专家学者提出"象限—因果关系图"来试图弥补这一理论缺陷[37]。与传统DEMATEL因果关系图不同，在"象限—因果关系图"中，横纵坐标的交点并非原点，其交点为$o'(\phi, 0)$（若设系统各因素的中心度为$d_1, d_2, \cdots, d_L$，则$\phi = \left(\sum_{l=1}^{L} d\right)\bigg/2$）。在此基础上，他们认为分布于第一象限的驱动因素（driving factors）即为系统的关键因素。显然，这种关键因素确定方法使得人们在运用DEMATEL决策时的框架思路进一步明确，有着较强的认知进步意义。但是，当第一象限存在多个系统因素时，仍然难以对关键要素按相对重要性进行排序。对此问题，Kumar等[25]及Yazdi等[10]认为应在"象限—因果关系图"的基础上，进一步按中心度取值的大小对各关键因素进行排序。然而，最近一些学者却提出不同看法[7, 12, 58]。文献［7］与文献［12］认为应先通过因素中心度与原因度定义因素权重（$\omega_i = [(D_i + R_i)^2 + (D_i - R_i)^2]^{1/2}$，其中$(D_i + R_i)$、$(D_i - R_i)$分别为因素$i$的中心度和原因度，$\omega_i$为因素$i$的相对重要性权重），然后通过因素权重值的大小对关键因素进行排序。显然，这种因素权重的确定方法实质上体现的是将中心度与原因度做等权处理的权衡思想。文献［58］则认为系统因素的原因度决定了因素权重，应按因素原因度取值的大小确定关键因素的排序。

由上述分析可知，学术界对于DEMATEL关键因素辨识的理论认知尚处于探索阶段，专家学者试图通过构建连接系统因素中心度和原因度与系统因素权重之间的桥梁，并基于因素权重排序来辨识关键因素（参见图2.2），但目前在具体的权重确定技术环节仍未达成共识。对此问题，我们认为清晰界定系统关键因素内涵时不仅要综合权衡中心度和原因度指标在复杂系统中的支配、管理控制作用，而且也要面向特定决策问题情境考虑改善系统关键因素过程中（预期）组织资源能力的可匹配性，组织在特定阶段难以通过资源优化配置实施关键因素改善政策或策略的系统因素则难以称为关键因素。

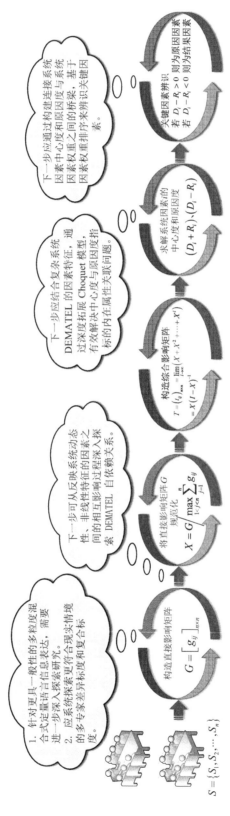

图 2.2　DEMATEL方法框架及研究进展方向

2.2 专家遴选机制研究进展综述

2.2.1 专家遴选算法研究

网络科技的发展使得通过网络搜索获取信息成为现实，但同时也导致了数字信息和多媒体内容的大量增加。因此，对于各个待评项目来说，从互联网这一庞大的数据库中找到满足需求的评价专家变得更加困难，于是通过特定规则构建算法遴选专家受到了广泛关注。相关机构也借鉴该思路开发了相应的专家系统，如 Elsevier 平台的 Expert Lookup 专家搜索引擎，可将用户输入的关键词通过自然语言处理链接出相关领域内的权威学者[59]；中国工程科技知识中心于 2015 年建设的收录了 900 多万名专家学者信息的中国工程科技研究机构与专家库，也可依据用户所输入的关键信息推荐长期从事该领域研究并取得较高科研成就的高水平专家。也有部分学者结合相关算法构建出针对某一领域的专家推荐系统，如 Sun 等[60] 构建的被应用于软件开发领域的专家推荐系统，可针对软件存在的技术缺陷，推荐该技术领域的专家；Lin 等[61] 利用人工神经网络的优势，结合理想解相似度排序技术开发出的专家选择系统可帮助评估和选择合适的医疗专家。

在理论研究上，目前研究中常见的专家遴选算法主要包括协同过滤算法、基于图结构的推荐算法和基于专家社会关系的回避算法。协同过滤算法主要通过分析群体的行为来得出二者之间的某种相似性（专家之间的相似性或者代表的项目之间的相似性）[62]。基于这些相似性可以将此类算法分为两类，即"用户—用户"协同过滤和"项目—项目"协同过滤，目前这两类算法均已在专家遴选研究中得到了广泛应用[63]。"用户—用户"协同过滤技术基于同一社区中其他用户的贡献进行推荐[64]，而"项目—项目"之间的协同过滤重点是寻找相似的项目以选择相似的用户[65]。为提高协同推荐效率，Pujahari 和 Padmanabhan[66] 结合"项目—项目"协同过滤和"用户—用户"协同过滤的特点，提出了通过制作同质组来进行高效的组合推荐。基于图结构的推荐算法研究，则是将项目与专家分别转化为二分图网络模型，依据图中的节点关系分析二者间的关联性，再借助各种匹配算法为其推荐合适的专家[67]。基于专家社会关系的回避算法，即考虑到专家与项目利益相关者之间存在的社会关系可能会影响专家评价的真实性而对此类专家进行规避的一种算法。唐佳丽[68]考虑到人物社会关系的复杂性，提出了一种综合分析不同社会关系的专家回避算法；张雯等[69]结合其通过Webmagic爬虫框架收集到的专家数据构建了专家社会关系网络，避免遴选出与项目申请者社会关系较为密切的专家参与项目评审。

相关推荐算法的研究为专家遴选提供了一个相对便捷的方法，该方法虽可实现较大体量的数据信息分析，但对于信息量的依赖性较大，在信息缺失或信息量较小的情况下该方法则会失效。同时，目前相关遴选算法多是基于单一准则构建的，对于部分评审条件比较苛刻与复杂的专家遴选，这些遴选算法仍需优化。

2.2.2　考虑领域契合度的专家遴选

领域专家是指在其学科领域或工作领域有技术或管理专长的专业人才。正所谓"隔行如隔山"，人类是根据自己的经验和知识来推理、分析和判断问题，对于不同学科范畴的决策项目，若选择专业领域相差很大的专家对此进行评价，则其给出的评价结果往往因专业性体现不足而难以令人信服。因此，如何遴选出与评审项目高度匹配的"小同行"成为近年来的研究热点。以专家作为知识载体，专家所掌握的领域知识称作专家知识；以评审项目作为知识载体，评审项目中蕴含的知识称作项目知识。目前大多数学者都是通过计算二者的相似度来表示专家与项目之间的领域契合度[70]，此类研究通常利用特定的方法对项目与专家进行领域识别，再通过数学运算得出二者间的相似度，依此结果遴选出领域契合度高的专家。如文献［71］中利用主题模型对各个评价专家发表的科研论文进行分析，从而分析各专家所属的研究领域，结合当前项目所需对候选专家进行聚类，遴选出学术能力高的专家组成专家组；文献［72］利用主题模型对候选专家与待评审项目进行特征提取从而构建向量空间，并基于相似度计算来判断候选专家与项目间的匹配程度，为项目找到合适的评审专家。

对于涉及领域较多的复杂评价项目，其知识属性的识别也相对较难。为此，一些学者运用直接模糊集理论对项目与专家在各领域的隶属关系进行表征，为二者间相似度的度量提供了新思路。例如，赵静等[73]在复杂产品系统项目评价专家遴选问题上利用直觉模糊相似度测量了项目与项目、专家与项目间的知识领域相似度，并在此基础上结合专家绩效评价构建专家遴选模型。同时，为提高相似度计算的准确率，文献［74］提出分别利用局部模糊距离、全局模糊距离和TFNs相似度来衡量专家与项目领域间的相似度。

专家知识背景和评审项目领域的契合度通常是专家遴选中最基础也是最核心的

关注点，通过计算专家知识与项目知识的相似度来遴选专家，可使得遴选出来的专家集与评审项目所需知识体系更相近，从而使得决策结果从理论层面看更为合理。但是在实际遴选过程中，仅依靠知识度量往往过于片面，专家与项目负责人的社会关系问题、利益关联问题、专家个人道德素养等方面同样需要考虑。

2.2.3　考虑评价可靠性的专家遴选

在近几年来的研究中，学者们开始意识到专家评价信息的可靠性对于最终决策结果的影响，从而开展了一系列对于评价专家可信度的研究，而此类研究通常以评价专家的历史评价信息为研究基础。早期研究中，学者们利用决策熵来衡量专家评价的可信度，例如，彭本红等[75]将群决策特征根法与多属性群决策熵法相结合，通过得出的广义熵来衡量各专家评价信息的可靠程度。吴坚等[76]在此基础上对最大特征值是重根的情况进行讨论并提出了新的决策熵公式。随后，大量学者通过计算专家个体评价与群体评价的一致性来度量专家评价的可靠性，例如，徐林生等[77]认为专家个体评价意见与群体评价意见的偏离程度在一定程度上反映出该专家评价信息的可靠性；高鑫等[78]在遴选葡萄酒评酒专家的过程中提出通过计算专家个体与群体间评价意见的一致性来衡量各专家的可信度，一致程度越高则可信度越高。在 AHP 评价方法的应用过程中，也有学者通过专家所给评价信息的前后一致性来确定专家可信度[79]。此外，基于专家历史评价数据与项目实际演化轨迹的纵向比对分析，构建专家可靠性动态评估模型，实现决策主体认知偏差的量化测度与反馈修正，这一研究范式在复杂系统决策领域逐渐展现出显著的理论价值。比如，通过专家的历史评价信息中建议结题而实际已结题、建议结题而实际没有结题、不建议结题实际已结题、不建议结题实际没有结题的项目数量构建混淆矩阵，以此计算专家的可靠性系数[80, 81]；利用专家给出的历史判断权重值与其实际权重值的相似程度来衡量专家可靠性[82]。也有学者另辟蹊径，如赵亚娟[83]提出使用心理统计学的信度系数对单个专家和专家群评价结果的可信度进行度量，并提出由于专家的评价水平存在差异，应该根据专家个体评价信息的可信度赋予专家权重。

此类研究通过客观的历史数据，采用不同类型的方法，可直观地度量各个专家的可靠性。其中，大量研究通过度量专家个体与群组间评价信息的差异来度量专家可靠性，其核心思想就是决策中应少数服从多数，将差异性越小的专家群体赋予较高的可靠性，但不可否认决策过程中会出现部分有独到见解的专家，其评价信息与群体间有较大差异但却有较大参考价值，此时由于评价信息差异性较大错误地将其认定为低可靠性专家，对于专家遴选而言会导致错误地淘汰高水平专家的现实困境，这也引发了人们对于群组决策过程中"真理是否掌握在少数人手里"的学术争论，因此，如何科学测度专家可靠性仍需进一步探索。

2.3　多源信息融合机制研究进展综述

2.3.1　DEMATEL评价粒度和评价标度

群组DEMATEL决策方法，通过邀请问题相关领域的群组专家对系统因素间的直接影响关系给出判断信息，并对群组专家进行集成，在此基础上，通过DEMATEL矩阵运算得出系统各因素的中心度和原因度。但是，由于专家们的知识背景不同，他们对问题的理解程度也不同，若人为规定群组专家均采用统一形式的信息表达方式，则容易造成一定程度的信息损失，因此进行差异化评价粒度、评价标度的研究有重要意义和价值。下面从现有评价粒度和评价标度两个方面予以文献综述。

Herrera等[48]最先给出了评价粒度的概念，设语言术语集合 $S=\{s_0, s_1, \cdots, s_\gamma\}$ 为有序的有限集。其中，s_i 表示S的第 i 个语言术语；$\gamma+1$ 是S的语言粒度，为奇数。例如，具有5个语言粒度的语言术语集可以表示为：$S=\{s_0=差, s_1=略差, s_2=中等, s_3=略好, s_4=好\}$。DEMATEL方法最初采用粒度为4的评价粒度：0、1、2、3（0表示无影响，1、2、3分别表示影响小、影响大、影响极大）反映因素之间的直接影响关系。Wu等[84]将其进行了拓展，提出采用0：无影响、1：影响小、2：影响中等、3：影响大、4：影响极大的评价粒度描述因素间影响强度，目前该评价粒度已被广泛应用到现实决策中。例如，黄琳等[85]在研究产品服务需求排序问题时就采用了该评价粒度。此外，为了更好地描述现实问题的复杂性，Tzeng等[86]提出了0～10的评价粒度（即从0到10按整数逐级递增分别代表影响强度从无影响到影响极大）对系统因素之间的影响强度进行评价。Dytczak等[20]对DEMATEL语言粒度进一步细化，将其拓展到了1～N（N为任意假定正整数），并将其评价结果与模糊DEMATEL计算结果进行了对比，验证了其可行性。综上所述可知，专家学者在评价粒度的选择过程中仍存在较大分歧。我们认为，评价粒度与决策问题的复杂性之间存在正相关关系，即决策问题越复杂，使用的语言粒度就越大，同时语言粒度的设定还要基于严格的心理实验。

在评价标度的数学表达方式方面，考虑到DEMATEL决策方法旨在处理复杂决策问题，刻画的是模糊、不确定的决策环境，因此，诸多研究创新集中在专家评价标度的拓展方面，提出了一系列复杂的评价标度反映DEMATEL分析过程中专家面临的模糊性和不确定性。比如，Li等[87]在选择替代方案时，为使决策更贴近实际情况，采用了模糊DEMATEL方法来描述不确定信息。事实上，模糊数虽然能较好地反映专家的偏好，也是应用最为广泛的数量表达方式，但是它难以表达出专家判断的犹豫程度。对此，Liao等[88]将犹豫模糊语言引入了决策之中。考虑到专家决策时的分歧程度，Atanassov[89]引入了IFNs。之后，Atanassov又对IFNs进行了拓展，提出了IVIFNs。在此拓展中，非隶属函数和犹豫函数被表述为区间值而不是精确值，对信息的不确定性描述更为科学合理。Abdullah等[11]为增强群体整体的决策力，将IVIFNs引入DEMATEL中，并对传统DEMATEL进行了改进。随着刻画模糊不确定性语言信息的创新成果越来越多，如毕达哥拉斯犹豫模糊数、Z-Numbers、SVNNs等，其与DEMATEL方法相结合产生了众多形式的评价标度[90]。从表2.1可知，尽管各类DEMATEL评价标度花样繁多，但现有DEMATEL评价标度研究多集中于数量表达方式的创新，对于DEMATEL差异标度的研究还不够深入。

2.3.2　同类标度和差异粒度下的群组信息集成

在本书中，同类标度和差异粒度下的群组信息集成是指当所有专家均用同一标度进行评价时，语言粒度有可能存在不同的情况。比如所有专家都用TFNs对系统因素进行评价时，由于专家们的知识精度不同，有的专家会采用粒度为5的TFNs，有的专家会采用粒度为7的TFNs。如何科学地把这种形式的评价信息进行集成，已有一些学者对此开展了相关研究，具体如下：

Herrera等[48]最先给出了差异粒度评价的描述，他们认为专家根据自己的知识经验进行评价时，选择的语言术语集中具有或多或少的语言术语，语言术语集中语言术语的个数即为语言粒度。不同的专家对同一问题具有不同的知识经验，会选择不同粒度的语言术语集，即差异粒度的评价。在多属性决策领域，差异粒度信息融合是指通过融合不同信息源提供的差异粒度语言特征得到一个集体的语言性能特征，主要包括两个阶段，即信息形式的统一和信息的集成。最初，Herrera等认为对于无法使用确定标度的复杂决策，可以借助语言变量提供一种近似表征的方法。有鉴于此，他们基于基本语言术语集提出了一种差异粒度信息集成的方法。在该方法中，Herrera等定义了基本语言术语集，并引入了模糊数，将多个专家提供的信息通过转换函数转换为单一的语言术语进行集中处理。但是，该方法只能把粒度少的语言术语集中的语言术语转化为粒度多的语言术语集中的语言术语，存在一定的局限性。Chen等[91]对模糊集算法的归一环节进行改进，提出一种无需基本语言术语，即可在任意两种评价粒度下进行术语间转换映射的方法，并实现了差异粒度语言术语和集中语言术语的相互转换。此外，Herrera等[48]提出了一种基于2-tuple语言表示方法的差异粒度语言一致化方法。该方法通过语言符号之间的转换较好地减少了评价信息的损失，在实践中得到了广泛应用。

对上述基本方法的后续研究主要集中在方法拓展及应用层面。例如，陈秀明[92]在犹豫模糊语言评价的环境下，提出了一种直接处理差异粒度犹豫模糊语言信息的方法，而不再将犹豫模糊语言信息转化为差异粒度模糊语言。Dong等[93]认为不同决策者因存在个体偏好差异而可能采用不均匀和非对称分布的差异粒度语言术语集。在此基础上，他们提出了基于差异粒度的二元语义共识方法。该方法能够通过转化函数和共识模型实现差异粒度下均匀分布语言偏好关系与非对称分布语言偏好关系的有机关联。程书利[94]定义了区间值直觉差异粒度语言信息集，为了避免信息损失，通过二元语义和云模型对专家评价信息进行了一致化处理。马艳芳等[95]基于差异粒度概率语言评价值构建了差异粒度概率语言信息转化函数，对专家评价矩阵进行了一致化处理。

综上所述，学术界对同类标度下的差异粒度语言一致化的处理方式大致可以划分为两种：一是基于评价语言的差异粒度语言转化，主要包括TFNs、梯形模糊数、IVIFNs等；二是基于语言符号的转化方法，主要包括二元语义方法、典型特征值方法等。已有研究虽然考虑到了专家评价语言粒度的不同并给出了相应的解决办法，但是均是在同一标度的前提下给出的群组决策方法，这虽然便于信息的集成，但是会引入一定程度的信息不准确性，同时并未考虑到差异标度表达情境下的群组决策。

2.3.3　差异标度和差异粒度下的群组信息集成

较之于相同标度和差异粒度下的DEMATEL群组专家信息集成，差异标度和差异粒度下的DEMATEL群组专家信息集成更符合现实的决策情境。其原因在于：差异标度和差异粒度下的DEMATEL群组专家信息集成不再人为假设所有专家均使用同一类标度，而是允许各专家针对相同的DEMATEL决策问题选用不同的语言标度（如点估计值标度、区间数标度、直觉模糊标度、概率犹豫模糊标度、灰数标度等）。针对DEMATEL差异粒度语言术语集的研究并不多见，Han等[96]在二元语义语言偏好信息的差异粒度单一定量信息表达方式的基础上提出了相应的群组 DEMATEL 方法。但是，专家在构建直接影响矩阵时，可能既存在语言粒度的不同，又存在定量信息表达方式的不同，因此对于更具一般性的差异标度和差异粒度下的定量语言信息表达还需要进一步探索研究。

差异标度和差异粒度信息集成的研究成果主要集中在异质多属性群组决策领域和多源信息融合领域。比如在多属性决策领域中，INs、IFNs、TFNs、梯形模糊数等常用于定量属性的表示，而二元语义、语言术语集等常用于定性属性的表示。因为不存在任何一种运算法则能够在不同类型的数据间进行运算，所以需要一种方法对不一致类型的信息进行归一化处理，其处理方法大致分为如下两类。

一是将异质混合数据转化为二元语义的形式。Herrera 等[97]基于二元语义提出了一种将精确值、INs、语言信息进行融合的方法。该方法得到了广泛的应用，如曾雪兰和李正义[98]将语言信息和 TFNs 等混合信息转化为二元语义信息，并进行集结。之后，Wang 等[99]对该方法进行了拓展，提出了比例二元语义方法，该方法定义了基于语言标签的聚合运算符，能更好地保留原始信息。目前，更多的研究集中在将其他理论与二元语义相结合来处理异质信息上，比如，张永政等[100]将 D 数理论与二元语义相结合，对评价信息进行转化处理；黄必佳等[101]通过综合应用语义标度提出了基于距离的理想解排序法（technique for order preference by similarity to ideal solution，TOPSIS）和二元语义的 LTOPSIS-2T 方法；黄海燕等[102]将个人偏好与区间复合标度相结合提出了一种新的二元语义方法。

二是将异质混合型数据转化为模糊偏好下的数量表达。关于这类方法的研究相对较多，例如，Yuan 等[103]在研究能源系统组成方案时，把精确值、INs、语言术语作为初始数据输入，基于模糊集理论分别把它们转化成梯形模糊数，并进行了一致化处理；Xu 等[104]基于 TOPSIS 方法的理想解提出了一种聚合方法，将实数、INs、TFNs、梯形模糊数及语言术语聚合为阿塔纳索夫直觉模糊数，由此将涉及异构数据的决策矩阵都转化为仅含有阿塔纳索夫直觉模糊数的决策矩阵。类似地，通过与 TOPSIS 方法中理想解的相似性度量，Wan 等[105]将实数、INs、TFNs、梯形模糊数聚合成了 IVIFNs；Mao 等[106]将实数、INs、TFNs 转化成了 IVIFNs；考虑到数据的偏差性，Cheng 等[107]提出了异构公理设计的方法，将实数、INs、模糊数、模糊语言术语统一为 TFNs。

以上处理方法能够充分利用来自多个专家的不同评价信息，可将多源信息按照分析算法进行全面处理和关联，形成优势互补，进而对目标形成更具可信度的解释和描述。此外，能够对异构数据进行一致化处理的方法还有基于距离测度的方法，如案例推理（case-based reasoning，CBR）理论、证据理论、云模型理论等。Chen等[108]在开创异构多属性应急决策方法时，对传统CBR理论进行了拓展，将精确值、INs、语言术语进行归一化处理；Fei等[109]基于证据理论对INs、IFNs、TFNs、概率语言术语集（probabilistic linguistic term set，PLTS）进行归一化处理，该方法直接根据原始信息做出决策，减少了信息的损失。此外，正态云模型可实现定性表达和定量表达之间的转换，将专家不同偏好的决策信息进行有机融合，较好地体现了专家评价中的不确定性和随机性，通过将二者结合，构成定量和定性之间的映射。比如，Yang等[110]在进行德尔菲法的研究时发现数据异构会给决策者造成较大困扰，构建了正态云模型将异构数据（包括INs、精确数、语言术语）进行统一转化。此方法保留了原始数据的基本特征，减少了数据的损失。

综上所述，不同专家对同一决策问题评价时采取的语言粒度不同、标度类型不同，从而产生了不同的直接影响矩阵。因此，如何科学合理地将不同类型的直接影响矩阵转化成同一类型矩阵仍是一个亟待解决的理论难题，其中涉及语言粒度的转化、不同数据类型的转化，以及多个专家信息的集成，这种差异标度和差异粒度下的混合式DEMATEL方法还需进一步深入研究。

2.4 考虑中心度与原因度关联关系的研究进展综述

2.4.1 考虑属性关联的DEMATEL方法

DEMATEL方法作为研究系统要素间复杂非线性影响关系的科学方法，在属性关联问题的处理上展现出较强的分析解决能力。随着国内外对该方法的持续关注及研究，涌现出了大量在属性关联基础上对DEMATEL方法进行横向和纵向创新拓展研究的成果。

目前，大部分考虑属性关联的DEMATEL横向拓展应用研究都集中于利用DEMATEL方法分析出要素的影响关系以辅助决策，从而解决考虑属性关联的复杂决策问题。例如，Kumar等[111]利用DEMATEL方法对印度温室水培养殖的阻碍因素进行综合分析，通过中心度和原因度形成的系统要素因果关系图对阻碍因素进行科学分类，筛选出主要阻碍因素及其因果关系，在此基础上提出了合理建议；Yazdi

等[112]通过 DEMATEL 对高科技行业安全风险因素影响关系进行分析，构建出了修改后的因素因果网络，为后续贝叶斯网络分析提供了骨架支撑。这类研究通过 DEMATEL 方法只对决策问题中的属性关联关系进行了简单的定性判断研究，未能充分挖掘 DEMATEL 中心度和原因度的定量信息而做出更高质量的决策。基于上述认知，除了关键因素的确定和因素影响因果关系图的绘制外，一些学者探索从权重的角度对考虑属性关联的 DEMATEL 方法的横向拓展进行深入研究，以实现对 DEMATEL 中心度和原因度定量信息的综合利用。目前主流的权重确定方法是矢量长度方法[13，113]，即通过计算中心度和原因度的平方和开方，得到每个要素的权重。在此基础上，学者们也考虑到 DEMATEL 权重确定方法在属性关联问题处理上的优势，故将 DEMATEL 权重确定方法与其他权重确定方法相结合。例如：韩玮等[114]提出了一种基于摆幅置权、中心度和原因度的权重组合确定方法；刘宏等[115]在政府与社会资本合作（public-private partnership，PPP）融资项目风险因素研究中提出了 DEMATEL-ANP 混合权重确定方法；弓晓敏等[116]则提出了一种 DEMATEL 和数据包络分析（data envelopment analysis，DEA）的指标权重确定方法；余冠华[117]引入了归一化后的加权支持度，对 DEMATEL 方法的中心度和原因度指标计算方法进行了改进，并在此基础上提出了基于初始权重、改进中心度、改进原因度的综合权重确定方法。这类权重确定方法利用 DEMATEL 分析指标间影响关系的优势，弥补了其他方法忽视指标间影响关系的缺陷，优化得到的综合权重更贴近客观实际。但是，如果仅仅是运用中心度和原因度确定属性权重，那么将无法对 DEMATEL 方法中心度和原因度指标所蕴含的属性关联信息进行深入挖掘和利用。为此，学者们进一步对 DEMATEL 方法予以了拓展研究。比如，Wang 等[118]提出了一种基于灰色关联分析与 DEMATEL 的改进模型，该模型利用 DEMATEL 方法的中心度及原因度确定属性权重，再使用得到的权重进行加权灰关联度的计算，以实现对方案的效用排序，成功解决了城市固体废物处理方案选择问题。其利用中心度和原因度确定的属性权重和灰色关联分析都考虑了属性间的非独立性，实现了对复杂决策中的属性关联问题的深入挖掘和处理。Sang 等[119]构建了 DEMATEL 与前景理论的改进模型，该模型利用中心度和原因度确定属性权重，通过前景理论确定融入决策者风险态度的属性价值，最后进行综合评价。基于这种思路对中心度和原因度所蕴含的关联信息进行挖掘和利用的研究成果不断涌现，如有 DEMATEL 和灰关联投影的改进模型[120]、DEMATEL-TOPSIS 改进方法[121]、DEMATEL 和多准则妥协解排序法（vlsekriterijumska optimizacija i kompromisno resenje，VIKOR）的融合方法[122]等。

然而，以上对DEMATEL方法的横向拓展都是基于权重思维进行的DEMATEL和其他方法的简单集成，虽然DEMATEL方法能够弥补集成方法在属性关联问题处理中的缺陷，但是其权重处理方式仍基于属性间相互独立的假设前提，显然不符合现实问题的决策情境。上述集成方法在一定程度上割裂了属性间的关联关系，对属性关联问题的处理不够彻底。有鉴于此，Chou等[123]构建了一种基于因子分析和DEMATEL的新型混合MCDM模型，该模型最终基于因素中心度和原因度绘制出因素之间的因果关系图，确定因素间的影响关系，再利用模糊测度和模糊积分计算合成效用，从而实现了对电子学习程序的有效评价。高喆[124]用DEMATEL方法求解各因素的重要性和相互关联关系，选取较为显著的影响关系并以此为依据建立MACBETH和2-可加模糊测度Choquet积分模型，对因素权重进行计算，实现了对移动医疗增值因素的优选。这类方法虽然考虑到了属性之间可能具有相互依赖的关系，但从整体来看DEMATEL与模糊积分仍然是割裂的，未实现DEMTAEL和模糊积分的有机融合。为此，章玲等[125]提出了DEMATEL-Choquet的创新方法，通过将DEMATEL方法中心度作为指标Shapely值，建模求解各属性的模糊测度，最后利用Choquet积分对文明城市进行了综合评价，通过用模糊测度对权重进行替换，避免了利用权重处理属性关联问题所产生的误差。Cebi[54]按照同样的思路，将方法进一步拓展到TFNs情景中，以改善专家决策中的不确定性，实现了对在线网站设计质量的科学评估。从已有成果看，DEMATEL方法与模糊测度关联融合的研究仍在不断深入。Pandey等[33]将Choquet积分与IVIFS结合后引入DEMATEL方法，成功解决了以前存在的相互关系和准则依赖性问题。张发明等[126]提出了一种DEMATEL与Choquet积分相结合的改进方法，并将该方法运用于学术期刊的综合评价。其思路与前面学者的相似，创新点在于利用中心度和原因度平方和归一化表示各属性的Shapely值，从而更全面地确定了各属性Shapely重要系数，为各属性模糊测度的确定提供了更合理的约束。安相华等[127]提出的基于2-可加模糊测度的DEMATEL-Choquet积分改进方法，利用原因度修正中心度的组合确定方式来推断考虑关联关系的属性的综合重要度（即属性自身的重要度和考虑了属性间互补增强效用或属性间互斥冗余效用的重要度），然后在考虑客户需求相互影响的前提下，利用Choquet积分合成客户需求与质量特性之间的关联关系，从而实现对质量因素重要性的评价。张钦等[128]也提出了类似思路的DEMATEL改进方法，但是在属性交互度的确定中提出了一种基于中心度、原因度和交互系数的计算方法。这类方法都利用属性重要度和属性交互作用程度来处理属性间存在相互影响的综合评价问题，从新的视角研究并利用了中心度和原因度中蕴含的属性关联关系。但是，从已有考虑属性关联的 DEMATEL 横向拓展研究来看，不管是权重、模糊测度的确定还是对它们的拓展，都依赖于中心度和原因度指标的计算合理性。只有在确保中心度和原因度指标科学性的前提下，关于其的横向拓展运用才具有现实意义和社会价值。有鉴于此，部分学者试图纵向深入拓展 DEMATEL 方法，以进一步创新和完善 DEMATEL 方法的运算机理，增强其科学性和适用性。

通过对 DEMATEL 运算机理进行深入研究，学者们发现 DEMATEL 方法在集成各因素影响度与被影响度时，所采用的集成方式是基于集成准则间相互独立的理想环境的[90]。但是现实中准则间往往存在复杂的相关关系，并且 DEMATEL 方法作为研究因素间复杂非线性影响关系的科学方法，其中心度和原因度指标作为进行系统因素结构相关分析的两个重要依据，两者的计算方式应该保证两者内在属性间的相关关系得到准确、充分地考虑与揭示，否则将影响 DEMATEL 方法对系统要素结构相关性分析的合理性。Choquet 积分作为一种能有效处理属性关联决策问题的有力工具，已有学者将其融入 DEMATEL 方法中，以解决中心度和原因度指标内在属性关联关系的割裂问题，实现考虑属性关联的 DEMATEL 方法的纵向拓展创新。Bajar 等[129]通过用 Choquet 积分代替传统 DEMATEL 行和、列和的聚合方式来揭示中心度和原因度指标内在属性的相关关系，从而得到更科学的中心度和原因度指标。但是该方法的核心参数（属性关联关系）完全由专家主观随意假定，其取得没有任何依据；同时，Choquet 积分的使用需要专家准确判断 2^n 个属性集模糊测度（n 个属性场景下），尤其在系统要素及其关系复杂多样的 DEMATEL 应用场景下，指数灾难问题被明显放大，而究其本质，造成这类问题的根本原因是决策者的"有限理性"问题（主观模糊性、认知盲区、有限精力等）被忽视，导致相关方法无法直接对中心度和原因度指标内在要素间的关联关系进行准确充分地揭示，而且没有参考依据直接假定的关联关系的方式缺乏科学性和合理性。Sachan 等[130]虽然利用犹豫直觉模糊数在一定程度上降低了专家判断的难度，但是海量的知识判断任务数量并未减少，方法的实际可操作性仍然较差。为此，Abdullah 等[11]和 Mondal 等[131]通过将模糊测度拓展到特殊的 λ-模糊测度上，笼统地处理中心度和原因度内在属性间的关联关系，一定程度上削减了模型参数的输入个数，从而缓解了专家的信息判断压力。然而，这种方法是以牺牲对中心度和原因度指标内在属性关联关系的揭示能力为代价的，其极大地削弱了方法的通用性，避重就轻地采取了理想化的解决思路，并未从本质上解决在专家"有限理性"的现实情境下，中心度和原因度内在属性关联关系揭示不科学、不精确的问题。尽管 Mondal 等[131] 将考虑中心度和原因度属性关联的 DEMATEL 方法拓展到区间 2 型毕达哥拉斯模糊数中，一定程度上改善了专家判断的模糊不确定性问题，但是仍未有效解决 Choquet 积分聚合影响度和被影响度所面临的指数灾难问题，人们在实际决策中应用该方法的操作难度并未实质降低。

2.4.2　关于属性关联关系的诱导推理

专家偏好或模型参数的诱导引出是多准则决策辅助的重要组成部分，为更好地处理决策者"有限理性"前提下的决策问题，人们提出了此概念并进行了深入研究。已有相关研究表明，偏好激发方法应该更多地关注与人类决策过程中可观察事物相一致的属性及判断方式（即直觉推理、常识和专业知识），以提高偏好参数引出过程的灵活性、便利性和合理性[132]。让专家对 TDR 矩阵的行、列元素间相关关系进行直接判断的难度较大，需要在考虑专家"有限理性"的前提下进行中心度和原因度内在属性关联关系的科学挖掘。目前，以间接诱导偏好信息属性自身性质特征为依据，结合客观属性关联机理推理模型进行属性关联关系挖掘的成果不断涌现[133]，此类方法通过熟悉事物判断替代模糊测度抽象事物的判断，降低了专家知识输入难度；通过客观属性关联关系推理模型的构建，有效解决了海量参数主观判断的指数灾难问题，受到了该领域专家学者的青睐。林萍萍等[134] 在判断目标上选择更符合专家决策习惯的属性特征 Shapely 重要性系数作为属性关联间接诱导的偏好信息，在判断方式上利用 AHP 确定 Shapely 值，以此为依据利用科学目标优化模型诱导推理专家对属性间关联关系的偏好判断。除重要性这种属性特征外，Li 等[135] 选择另一种属性特征（属性否决和赞成系数）作为判断对象，将各标度及其现实意义进行一一对应，从而降低了专家信息判断的难度，并以此为依据通过科学模型推理出了属性关联关系。在此基础上，Huang 等[136] 同时选择属性 Shapely 重要系数及属性交互系数作为主观判断目标，以此为依据结合菱形成对比较法诱导出了决策者对属性关联关系的偏好判断。随后，为使方法更易被人们理解使用，Wu 等[137] 又提出了用基于非可加性指标型多准则关联偏好信息（multicriteria correlation preference information, MCCPI）图辅助判断非可加性指标的方式来引出属性关联信息。MCCPI 方法还考虑了专家判断可能存在的矛盾冲突，通过最小误差目标优化得到可行且与决策者偏好有最大交集的属性关联信息。除以上基于属性特征依据诱导引出关联关系外，Zhang 等[138] 通过对备选方案的两两比较判断实现了专家关于属性相关关系偏好的挖掘。但是，目前关于利用深度拓展的 Choquet 积分模型解决中心度和原因度指标内在属性关联的研究尚未有报道，属性关联关系偏好诱导推理模型因存在间接诱导偏好信息稀疏而导致对属性关联关系（模糊测度）细化程度不足的问题，进而导致对中心度和原因度指标内在属性关联关系揭示不充分、不精确的问题并未得到根本性解决，使得 DEMATEL 方法对系统要素结构相关性分析的灵敏度下降。同时，为尽可能保证属性关联关系的细化程度，更多知识判断信息输入产生的密集间接偏好信息会引发决策者偏好判断困难，即使决策者给出完备的偏好信息，偏好信息质量参差与偏好参数矛盾等问题引发的模型求解困境，目前尚未得到有效解决。

综上所述，尽管 DEMATEL 方法已被国内外学者广泛应用并在考虑属性关联的复杂决策中发挥着巨大的潜力，但针对考虑属性关联 DEMATEL 方法纵向拓展的研究尚处于起步阶段。99% 左右的 DEMATEL 改进研究仍沿用简单加和的方式确定影响度和被影响度，而中心度和原因度作为 DEMATEL 方法的核心参数，其计算结果的科学性将直接影响 DEMATEL 方法相关拓展应用的成效。虽然已有文献试图通过 Choquet 积分模型揭示 DEMATEL 方法中心度和原因度的属性关联，但相关研究仍存在明显的不足之处。比如，Choquet 积分模型容易陷入指数灾难的问题仍未得到解决，改进方法对于 DEMATEL 因设定的参数变化而使得分析结果变化的灵敏度仍不足，等等。显然，上述研究的不足一定程度上也影响了改进 DEMATEL 方法在实践中的推广应用价值。因此，亟待学术界进一步深化 Choquet 积分模型的研究，在此基础上有效实现 DEMATEL 方法与 Choquet 积分模型的有机融合，从而更加科学合理地给出偏好参数确定方法和推理机制，进而充分揭示 DEMATEL 中心度和原因度的内在属性关联机理，夯实复杂系统 DEMATEL 新方法的关键技术基础研究。

2.5　理论基础

2.5.1　复杂系统理论

2.5.1.1　复杂系统的概念

复杂系统是由多个要素有机联系构成的系统，这些要素之间相互作用产生无法从单个要素的行为中预测的新整体性质和行为。复杂系统是一个具有自组织能力、非线性、跨层级相互作用的开放性系统。在复杂系统中，整体的行为不仅仅是各部分行为的简单叠加，而是通过组件之间的相互依赖和反馈循环产生新的模式和结构。

这导致了复杂系统具有高度的适应性和动态变化能力，能够在不断变化的环境中维持和发展其结构和功能。复杂系统广泛分布于自然界和社会系统中，小到人体消化系统，大到生态系统、社会经济系统等。

复杂系统理论最初起源于20世纪中叶，研究者们逐渐意识到传统线性分析方法无法充分解释自然界和人类社会中观察到的复杂现象，随着生物学和物理学的发展，复杂系统理论逐渐形成。1984年，圣塔菲研究所（Santa Fe Institute，SFI）成立，聚集了一批跨学科（包括经济学、生物学、物理学和计算机科学等多个领域）的科学家，共同探讨复杂系统的本质，进一步推动了复杂系统理论的发展。复杂性科学研究的先驱者、诺贝尔物理学奖得主盖尔曼教授首先提出了"复杂适应系统"（complex adaptive system，CAS）的概念，并在CAS概念基础上给出了通过简单规则生成复杂行为的概念模型。该模型为人们从环境演化视角认识现实中生物系统、经济系统和文化系统的复杂行为奠定了基础。盖尔曼强调了系统内部成分之间的适应性交互和自组织特性。Simon[139]提出"近分解系统"（nearly decomposable systems）的概念，来描述复杂系统的层次结构。在他的观点中，复杂系统可以分解为多个相对简单的子系统。这些子系统在短期内相对独立，但在长期内相互作用。他的这一理论强调了系统中不同层次之间的相互作用和系统的整体性，对后来的复杂系统研究产生了深远影响。

关于复杂系统，不同专家提出了各自的见解，但均强调了其动态性、层次性和开放性等特征。例如：韩田田[140]认为复杂系统是由许多智能子系统通过复杂关系互联而成的，其整体表现的行为和特性无法仅通过分析单个子系统来充分理解；原继东[141]则视复杂系统为一类特殊的系统，其中的组成部分通常是异质的，并存在多个层次，它们之间的交互是复杂且非线性的；Ottino[142]强调，分析一个系统的子系统能否解释该系统的总体表征是判断该系统是否为复杂系统的必要条件。

2.5.1.2 复杂系统的特征

对已有研究进行梳理总结，复杂系统的主要特征如下[143]：

（1）动态性

复杂系统的动态性特征体现在系统的状态和行为随时间不断变化以适应外部环境，这种变化不仅是线性的或可预测的，而且常常是非线性的、突发的，甚至是混沌的。动态性来源于系统各组成要素之间的相互作用以及系统与外部环境之间的交互，使得它们能够适应环境变化，可通过自我组织和进化发展新的结构和功能，但同时也给系统行为的预测和控制带来了挑战。

（2）自组织性

自组织性是指复杂系统中的多个组成部分无须外部指令或明确的中心控制，便能够通过局部相互作用自发地形成有序结构和模式的特性。例如，鸟群的飞行形态、细胞在组织中的排列等，都是自组织的结果。自组织过程是动态的，通常伴随着系统从无序状态向有序状态的转变。自组织的关键在于系统内部组件之间的非线性相互作用，这使得复杂系统在没有中心化控制的情况下能够维持功能和结构的稳定，展现出高度的鲁棒性。

（3）层次性

层次性是指复杂系统内部存在多个层次或级别，各层次之间通过不同的相互作用和组织形式相互联系，该特征使得系统能够在不同尺度上展现出不同的行为和功能。在系统层次性结构中，较低层次的元素通过特定的规则组合形成更高层次的结构，而这些更高层次的结构又赋予系统新的性能和功能。例如，在生物体中，从分子到细胞，再到器官和生物个体，每个层级都有其特定的组成和功能，整体构成了复杂的生命系统。复杂系统实现了功能的分化和协作，使得系统作为一个整体能够高效运行和发展。

（4）适应性

适应性是指复杂系统能够对外部环境的变化不断进行感知、反应和学习，通过内部结构和功能的调整在不断变化的环境中求得生存和发展的特性。例如，生态系统中的物种通过进化以适应环境的变化，企业通过策略调整来应对市场的变动。适应性源于复杂系统各组成要素间的非线性相互作用和反馈机制，这些相互作用和反馈能够产生新的行为模式和结构形态，以增强系统的韧性和生存能力。此外，复杂系统的适应性不仅是对当前环境的响应，也是其预测未来变化并据此进行预先调整的能力，因此适应性是复杂系统持续发展和创新的基础。

（5）开放性

复杂系统并非孤立系统，其与外部环境持续进行物质、能量或信息的动态交换，例如物质与能量的输入和输出、信息的接收和发送等。开放性使复杂系统能够从环境中获取必需的资源来维持其结构和功能，同时也使其受到环境的限制和影响。例如，对于生态系统来说，它从环境中获取阳光、空气、水等资源，同时也将废物排放到环境中。此外，复杂系统的开放性是其动态平衡与演化的重要驱动力，通过与环境的交互，复杂系统可实现自我组织，适应并不断演化以应对环境的变化。比如，企业通过市场接收信息，向市场输出产品或服务，根据市场反馈进行自我调整和不断改进，故开放性是复杂系统存在、发展与演化的重要条件。

（6）非线性

非线性特征是复杂系统呈现出动态行为多样性的根源所在，也是复杂系统最本质的特征，表现为系统的行为和响应不是其组成部分作用的简单线性叠加，而是存在着相互作用和反馈机制导致的复杂行为，会出现局部之和大于整体的现象。非线性使系统行为的预测变得极为困难，因为初始条件的微小差异可以在系统发展过程中被放大，从而可能导致完全不同的结果。

（7）涌现性

涌现性反映的是系统在低层次要素相互作用下，高层次表现出的不可还原的新特性，即1+1>2。涌现性在生物学、社会学、计算机科学等领域的复杂系统中有所体现，反映了复杂系统的自组织与自适应特点。例如，在生态系统中，单个物种的行为可能无法解释生态系统的稳定状态，但是所有物种的相互作用和适应可以形成复杂的食物链和稳定的生态平衡。

（8）复杂性

复杂系统的复杂性体现在系统的结构、相互作用和动态行为的多样性和复杂度上。复杂性不仅来自系统内部组成部分的数量多样性，也来自这些部分之间相互作用的多样性和复杂性。同时，系统内部组成部分之间以及系统与外部环境之间的密切非线性相互作用和反馈循环使得复杂系统难以预测，从而带来系统整体行为的多样性和丰富性。

2.5.2　群组决策理论

当今决策环境变得日益复杂，仅依赖个体判断往往不足以应对错综复杂的问题，这推动决策逐渐向群体合作、共同决策的方式转变，故需邀请多个问题相关者共同参与决策方案的制定和行动的选择。现实生活中群体决策应用广泛，如各种委员会、代表大会及董事会等，其中委员、代表、董事等都是决策的共同制定者。群体决策的优势在于能够减少因个体主观偏误带来的决策偏差，从而提升决策结果的可靠性。在群体决策过程中，由于各群体成员的专业背景、知识宽度和个人能力有较大差异，因此在观点、看法、视角和认知结果方面可能出现较大的不一致，需要通过相互启发、取长补短，实现群体智慧的涌现。通过群体内部的深度交互、探讨，最后按组织决策者制定的专家意见集成规则，汇总各群体成员的意见形成决策结果。当然，在群体决策过程中，群组交互后也有可能难以达成共识。迄今，群共识和群冲突问题一直是管理决策领域专家学者关注的焦点。

2.5.2.1　群组决策的起源与定义

20世纪初期，随着社会科学家们开始探索集体行为和群体互动的动态，群体决策理论开始萌芽。受心理学、社会学和经济学等多个学科的影响，群组决策早期研究重点在于了解群体内意见如何形成以及群体压力如何影响个人决策。20世纪50年代，随着行为决策理论和组织行为学的兴起，学者们开始更深入地研究群体决策过程，包括决策方式、群体结构、沟通模式等对群体决策效果的影响。这些研究为理解和改进组织内的决策过程奠定了基础，促进了群体决策理论的发展和应用。群组决策理论旨在发挥群体智慧，提高决策质量，其兴起的现实原因可以总结为：

（1）从决策环境来看，一方面，随着社会经济的发展，组织面临的决策问题越来越复杂，如决策目标的多重性、决策问题涉及领域的多样性以及现实条件的变化性等，依靠单一个体的能力很难提出较为全面的解决方案，需要汇聚多方面的专业知识和能力；另一方面，互联网和社交媒体的发展与普及为信息共享提供了有利渠道，即使决策者分布在世界各地也可以方便地参与群体决策。

（2）从决策者本身来看，一方面，随着人们的民主意识日益提升，人们参与决策过程的意愿高涨，且群体决策为多方提供了表达意见的平台，有利于提高决策制定的接受度和满意度；另一方面，由于决策个体在知识结构、专业素养及价值取向等方面的差异性和局限性，不同专家在问题界定、评估维度选取等决策关键环节难免产生认知偏差。为消解个体决策的局限性，亟须汇聚群体智慧，通过多维知识融合实现决策科学性与系统性的辩证统一。

目前，群组决策理论仍在不断发展中。Surowiecki[144]探讨了在某些条件下，一个多样化、独立的群体可以比少数专家做出更好的决策的理论，并且指出当群体满足多样性、独立性、分散性和聚合性四个条件时，群体的决策会更加准确有效。Surowiecki的定义突出了群体决策的潜力，以及设计决策过程以利用这种潜力的重要性。邱菀华[145]则明确指出，群组决策是研究多人如何做出统一有效决策的过程。

2.5.2.2　群组决策特征

群组决策在实际管理决策中应用广泛，如头脑风暴法、投票法和德尔菲法等。群组决策汇聚了来自不同领域的群组成员，群组成员根据其不同的知识背景、专业能力、独特视角对问题进行分析并表达观点。群组决策通过制定科学合理的信息集结规则得出决策结果。从已有实践看，有效的群组决策一般具有以下特征：

（1）能快速响应并产生决策结果。有效的群组决策应该高效并尽可能迅速地做出决策，能够根据问题的紧迫程度及时给出决策结果。能否快速响应与专家筛选以及专家表达意见的积极性、自由度紧密相关。

（2）决策参与者能够根据问题客观地给出合理的评价。群组决策的参与者来自不同专业领域，具有不同的知识背景，看待问题有着不同的视角和偏好。专家不受个人特定见解乃至偏见影响的程度决定了其给出评价的客观程度，这会对决策结果的合理性产生影响。

（3）能够通过科学的决策过程做出合理的方案选择。决策过程中，各个步骤的设定是否科学合理，且是否严格按照设定的步骤规范执行均会对决策质量产生影响。群体决策备受关注与推崇是因为其与单一个体决策相比优势突出，但同时也存在一定的弊端。本书从以下角度对群组决策的利弊进行分析。

群组决策的优点：

（1）多元化的观点和经验。群组决策汇集来自不同知识背景、专业领域和经验水平的群组成员，他们带来了各种不同的观点、想法和解决方案，同时也增加了决策的创新性和全面性，有助于避免决策陷入思维定式和盲点。

（2）知识共享和信息整合。在群组决策过程中，成员可以分享各自的知识、信息和经验，从而使得决策基于更全面、准确的信息。这种信息共享有助于增强对问题的理解，激发群组成员的灵感，提高决策的质量和可行性。

（3）共同承担责任和分担风险。由于群组成员共同参与了决策过程，因此更容易接受并共同承担决策带来的结果和风险。共同承担责任可以增强成员的凝聚力和团队合作精神，从而提高决策实施的成功率。

（4）更高的方案执行效率。群组决策结果由其成员共同商讨，并经一定规则形成群组意见。一般来说，群组决策结果相比单一个体决策具有更高的接受度和满意度，执行起来阻力较小。

群组决策的缺点：

（1）决策效率降低。群组决策中成员意见不一致的情况经常出现，通常需要花较长时间来达成共识和协调不同意见，这可能会导致决策效率下降。另外，在人员众多或者意见分歧较大的情况下，决策过程可能会变得烦琐，甚至无法给出令人满意的决策结果。

（2）意见主导和从众思维。在群组决策中，个别成员或者特定群体可能会主导决策过程，导致其他成员的意见被忽视，尤其是在决策成员地位和身份不平等的情况下。此外，从众思维也可能出现，即成员倾向于追随主流意见而不敢提出异议，这限制了决策的创新性和合理性。

（3）决策结果影响广泛。群组决策由多个成员共同参与，一个决策结果可能会对整个组织或者团队产生广泛的影响。如果决策结果在执行时出现问题或者引发不良后果，那么相关责任也将分散到整个群体，从而导致团队信任度降低和效率下降。

2.5.3　D-S证据理论

D-S证据理论（Dempster-Shafer 证据理论），由哈佛大学数学家 Dempster 于 20 世纪 60 年代首次提出，随后其学生 Shafer 对该理论做了进一步研究与完善，并将该理论推广到一般情形下，最后得出一种通过"证据"构造和信息"组合"来处理不确定性推理的数学方法[146]。该方法无须确定先验概率，通过数学判断与推理即可得出相应的数据融合结果，为不确定信息研究领域提供了高效的运算工具，目前已被广泛运用于信息融合与不确定问题的研究中。

2.5.3.1　证据理论基础

D-S证据理论首先定义了基本概率分配函数、信任函数和似然函数等概念，为该方法中的数据处理提供基础，主要包含如下定义：

定义 2.1[147]：在证据理论中，识别框架代表命题所有可能性的集合，用符号 Θ 表示，$\Theta = \{\theta_1, \theta_2, \cdots, \theta_n\}$，$\theta_i(i = 1, 2, \cdots, n)$ 为识别框架 Θ 的一个事件或元素，且 Θ 框架内所有元素之间相互独立，$2^\theta = \left\{ \{\theta_1\}, \cdots, \{\theta_n\}, \{\theta_1, \theta_2\}, \cdots, \{\theta_1, \theta_2, \cdots, \theta_n\}, \phi \right\}$ 为 Θ 由所有子集组成的幂集。

定义 2.2[147]：在识别框架 Θ 中，若函数 $m: 2^\theta \rightarrow [0, 1]$ 满足

$$\begin{cases} m(A) \geqslant 0 \\ m(\phi) = 0 \\ \sum m(A) = 1 \end{cases} \tag{2.1}$$

则可认为 $m(A)$ 是 A 的基本概率函数（basic probability assignment，BPA），简称 mass 函数。对于 $\forall A \subseteq \Theta$，若 $m(A) > 0$，则称 A 为 m 的焦元。

定义 2.3[147]：基于给定的基本概率分配函数 m，焦元全部子集的基本概率分配之和称为 A 的信任函数 $Bel(A)$，$Bel(A)$ 满足下式。

$$\begin{cases} Bel(A) = \sum_{B \subseteq A} m(B) \\ A \subseteq \Theta \end{cases} \tag{2.2}$$

定义 2.4[147]：基于给定的基本概率分配函数 m，对焦元 A 与其他焦元相交子集

的基本概率分配进行求和，可得到焦元A的似然函数$Pl(A)$，表示对A不否认的程度。$Pl(A)$满足下式：

$$\begin{cases} Pl(A) = \sum_{B \cap A = \phi} m(B) = 1 - Bel(A) \\ A \subseteq \Theta \end{cases} \tag{2.3}$$

定义 2.5[147]：对于焦元A，信任函数$Bel(A)$和似然函数$Pl(A)$所组成的闭区间$[Bel(A), Pl(A)]$，称为焦元A的信任区间。其中，信任函数$Bel(A)$为信任区间的下限，似然函数$Pl(A)$为信任区间的上限。信任区间表达了对A支持程度的范围。

定义 2.6[147]：假设m_1和m_2是同一识别框架Θ上的2个基本概率分配函数，用$m_1 \oplus m_2$来表示m_1和m_2融合后所得新的基本概率分配函数，Dempster合成规则定义如下：

$$m_1 \oplus m_2(A) = \begin{cases} \sum_{A_i \cap B_j = A} m_1(A_i)m_2(B_j) & A \neq \phi \\ 0 & A = \phi \end{cases} \tag{2.4}$$

其中，$K = \sum_{A_i \cap B_j = \phi} m_1(A_i)m_2(B_j)$为$m_1$和$m_2$的冲突系数，$m_1(A_i)$为证据1的焦元，$m_2(B_j)$为证据2的焦元。

当需要融合的证据数量超过2条时，可通过上式逐步迭代计算，但鉴于计算量较大，故将上式推广到n条证据合成情形，即对于$\forall A \subseteq \Theta$且$A \neq \phi$，识别框架$\Theta$上的有限个基本概率分配函数$m_1$, m_2, $\cdots$, m_n的Dempster合成法则为：

$$(m_1 \oplus m_2 \oplus \cdots \oplus m_n)A = \begin{cases} (\sum_{A_1 \cap A_2 \cdots A_n = A} m_1(A_1)m_2(A_2) \cdots m_n(A_n))/(1-K) & A \neq \phi \\ 0 & A = \phi \end{cases} \tag{2.5}$$

其中，冲突系数$K = \sum_{A_1 \cap A_2 \cdots A_n = \phi} m_1(A_1)m_2(A_2) \cdots m_n(A_n)$。

值得说明的是，D-S合成规则作为证据理论运用的重要环节，除了具备基本的交换律、结合律和单调统一性以外，还具备证据聚焦性，即对于某一命题的支持度较高的证据合成后，其结果对于该命题具有更高的置信度[147]。

2.5.3.2 冲突衡量方法

在D-S证据理论中，冲突系数K通常用来反映证据间的冲突程度，直接影响后续数据融合结果的准确性。D-S证据理论中冲突系数K的作用如图2.3所示。该图中，横向和纵向分别代表m_1和m_2在各命题下的概率分配，阴影部分表示共同赋予命题的概率分配，如图中阴影部分代表 m_1 和 m_2 联合赋予命题 $A_i \bigcap B_j$ 的概率分配。当 $A_i \bigcap B_j = \phi$ 时，将有一部分概率赋予空集，显然空集在证据融合过程中没有任何意义，应忽略不计，此时总的信度将小于 1，因此需要对每个命题上的信度乘以 $(1-K)^{-1}$。其中，K 主要用来衡量各证据间的冲突程度，并保证最终数据融合结果的归一化。

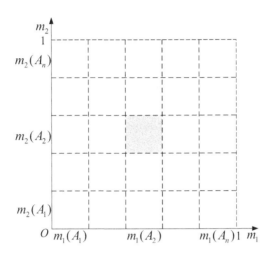

图 2.3   冲突系数 K 在数据融合中的作用

在实际应用中，冲突系数 K 有时无法精准地反映出各证据间的冲突程度[148]，使得最终证据合成结果与现实直观相违背的现象出现。因此，国内外专家学者针对此问题提出了一些适用于 D-S 证据理论框架下的冲突衡量方法来弥补冲突系数 K 的不足。

（1）Jousselme 距离

用 m_1 和 m_2 分别表示同一识别框架 Θ 上的两个基本可信度分配，则 m_1 和 m_2 的 Jousselme 距离可以表示为[149]：

$$d_j(m_1, m_2) = \sqrt{\frac{1}{2}(\overrightarrow{m_1} - \overrightarrow{m_2})D(\overrightarrow{m_1} - \overrightarrow{m_2})} \qquad (2.6)$$

其中，D 为一个 $2^N \times 2^N$ 的矩阵，$D(A, B) = \dfrac{|A \bigcap B|}{|A \bigcup B|}$，且 $A, B \in 2^\Theta$。由于证据间的 Jousselme 距离与其冲突程度成正比，因此 Jousselme 距离数值越大，则代表两者间的冲突程度越大。

（2）Pignistic 概率距离

$m(A)$ 为识别框架 Θ 上的基本概率分配函数，则其 Pignistic 概率函数 $BetP_m\Theta \rightarrow [0, 1]$ 可定义为[150]：

$$BetP_m(A) = \sum_{A, B \subseteq \Theta} \frac{|A \cap B|}{|B|} \frac{m(B)}{1 - m(\phi)} \tag{2.7}$$

式中 $|A|$ 为集合 A 中包含元素的个数，用来描述 $BetP_m$ 基本概率赋值 $m(A)$ 对幂集 2^Θ 上各个命题子集的支持程度。

设 $BetP_{m_1}$ 和 $BetP_{m_2}$ 为识别框架 Θ 上 m_1 和 m_2 对应的 Pignistic 变化后的概率函数，则两者间的 Pignistic 概率距离为：

$$difBetP_{m_1}^{m_2} = \max\left(\left|BetP_{m_1}(A) - BetP_{m_2}(A)\right|\right) \tag{2.8}$$

证据间的 Pignistic 概率距离与其冲突程度成正比，Pignistic 概率距离数值越大则代表两者间的冲突程度越大。

（3）余弦冲突衡量

余弦相似度是用来衡量两个向量间相似程度大小的数量值，将其引入证据理论中，则框架 Θ 上的两个基本概率分配函数 m_1 和 m_2 间的余弦相似度可表示为[151]：

$$s = \cos(m_1, m_2) = 1 - \frac{\overrightarrow{m_1} \cdot \overrightarrow{m_2}}{\left\|\overrightarrow{m_1}\right\| \cdot \left\|\overrightarrow{m_2}\right\|} \tag{2.9}$$

其中，$\left\|\overrightarrow{m_i}\right\|^2 = m_i \cdot m_i^T$。证据间的余弦相似度与其冲突程度成反比，余弦相似度的值越大，证据间的冲突程度越小。

2.5.3.3　合成规则改进

在对 D-S 证据理论的运用过程中，有学者发现同一证据系统中只要出现两条证据与其他证据完全冲突，在此情形下利用 D-S 合成规则，即使其他证据完全一致，也会出现合成结果与实际情况相悖的情形。例如，在识别框架 $\Theta = \{\theta_1, \theta_2, \theta_3, \theta_4, \theta_5\}$ 上，有 n 条待合成证据，其中 $m_1 = \{0.6, 0.4, 0, 0, 0\}$，$m_2 = \{0, 0, 0, 0.65, 0.35\}$，$m_3 = m_4 = m_5 = \cdots = m_n$。显而易见，证据 1 与证据 2 完全冲突，即使增加再多的与证据 2 信度分配完全相同的证据，D-S 合成规则所得出的结果仍然与现实情况相违背，不具备参考意义。换言之，在证据体系中若有高冲突证据存在，则很可能导致整个 D-S 证据融合体系的崩溃。有鉴于此，大量学者对证据合成规则予以了改进研究，其中具有代表性的改进合成规则有如下两种。

（1）Smets 合成规则

Smets 在可转移的信念模型中提出了 TBM 证据合成规则[152]，他认为所有证据提供的信息都是有意义的，应当把冲突出现的原因归结为识别框架的不完备，将证据中的冲突部分赋予空集。其所提出的合成规则如下：

$$m_{1,2}(A) = \sum_{\substack{A_i, B_j \subset \Theta \\ A_i \cap B_j = A}} m_1(A_i) m_2(B_j) \qquad (2.10)$$

$$m_{1,2}(\phi) = \sum_{\substack{A_i, B_j \subset \Theta \\ A_i \cap B_j = \phi}} m_1(A_i) m_2(B_j) \qquad (2.11)$$

该方法在冲突较小的情况下可有效实现证据合成，但冲突较大时，该方法将过多信度赋予无意义的证据 $m(\phi)$，导致支持合成结果的信息量较小，对于结论归纳失去了意义。

（2）Yager 合成规则

Yager 认为冲突证据并不能为信息融合提供有用的信息，因此应该将证据冲突部分的信息全部分给具有不确定性的焦元全集[153]。其提出的合成规则为：

$$m_{1,2}(A) = \sum_{\substack{A_i, B_j \subset \Theta \\ A_i \cap B_j = A}} m_1(A_i) m_2(B_j) \qquad (2.12)$$

$$m_{1,2}(\Theta) = \sum_{\substack{A_i, B_j \subset \Theta \\ A_i \cap B_j = \phi}} m_1(A_i) m_2(B_j) + m_{1,2}(\phi) \qquad (2.13)$$

这一改进有效缓解了 D-S 合成规则在对高度冲突证据合成时出现悖论的问题，但是 Yager 合成法则在合成超过两个证据源的信息时效果不尽理想，且常常出现合成后不确定程度不减反增的现象。

上述两种经典的改进方案虽然存在不足之处，但其冲突处理的思路具有一定的科学性，为更加合理地处理证据冲突提供了参考，对后续大量学者在高冲突证据融合方面的研究具有启迪意义。

2.5.4　Choquet 积分理论

基于模糊测度的集结算子被称为模糊积分，作为一种考虑属性间相互影响现象的聚合算子，模糊积分准确反映了聚合过程中各个属性间的互补或冗余效应。Choquet 提出了一种以他的名字命名的模糊积分即 Choquet 积分，其在对多属性进行聚合的过程中充分揭示了属性间的关联关系。由于 Choquet 积分相较于其他模糊积分能够更充分地揭示属性间的复杂关联关系，故其在实际应用中广受欢迎。

定义 2.7[154]：设 μ 为定义在 $(C, P(C))$ 上的模糊测度，g 是定义在 C 上的实值可测函数，则 g 关于 μ 的 Choquet 积分定义如下：

$$C_\mu(g) = \sum_{j=1}^{n} (g(C_{(j)}) - g(C_{(j-1)})) \mu(A_{(j)}) \qquad (2.14)$$

其中，$C_{(j)}$ 表示集合 C 中元素按其对应的实值函数取值按由小到大排序后的第 j 个元素，即 $0 \leqslant g(C_{(1)}) \leqslant g(C_{(2)}) \leqslant \cdots \leqslant g(C_{(n)})$, $g(C_{(n)}) = 0$, $A_{(n)} = \{C_{(j)}, \cdots, C_{(n)}\}$。

Choquet积分的Mobius变换形式表示如下：

$$C_m(g) = \sum_{T \subseteq C} (m(T) \times \bigwedge_{C_j \in T} g(C_j)) \qquad (2.15)$$

2.6 本章小结

本章对与研究主题紧密相关的多个方面开展了系统的文献综述与理论基础梳理，为后续研究工作的开展夯实了基础并指明了方向。

在DEMATEL方法研究进展的文献综述过程中，本章系统回顾了该方法自诞生以来在不同时期、不同领域的应用拓展及方法理论创新脉络。从早期在工程领域的初步尝试，到逐渐渗透至管理、社会科学等多元领域，DEMATEL方法的影响力不断扩大。同时，在方法自身优化上，无论是计算过程的简化、因素间关系刻画的精准化等方面，还是对不确定性处理能力的提升等方面，DEMATEL方法均取得显著进展。这些成果不仅彰显了DEMATEL方法在复杂系统分析与决策支持方面的重要价值，也为后续进一步创新提供了丰富的灵感与研究经验。

在专家遴选机制研究的文献综述中，本章从三个重要维度进行了研究进展分析。专家遴选算法研究呈现出多样化的发展态势，从基于单一指标的筛选算法，逐步演变为综合多因素、多阶段的复杂算法体系，涵盖了层次分析法、模糊综合评价法等在专家遴选场景中的巧妙应用，旨在提高专家遴选过程的科学性与精准性。考虑领域契合度的专家遴选则聚焦于如何深度匹配专家的专业知识领域与决策问题所属领域，通过构建领域本体模型和使用语义分析等技术手段，量化专家与问题之间的知识关联程度，确保专家能够基于其深厚的专业积淀为特定决策问题贡献有针对性的见解。在此基础上，考虑评价可靠性的专家遴选则着重关注专家在过往评价活动中的表现稳定性、一致性和准确性等关键指标，借助历史数据挖掘与统计分析方法，构建专家评价可靠性评估模型，从而筛选出评价行为更为可靠、更具参考价值的专家群体。

在多源信息融合机制研究文献综述过程中，本章深入剖析了DEMATEL评价体系中的评价粒度与评价标度问题。在评价粒度方面，探讨了不同粒度设定对专家评

价的影响，以及如何根据决策问题的复杂程度与精度要求合理确定评价粒度。针对
评价标度，分析了现有多种标度形式的特点与适用场景，如点估计值标度、模糊标
度等，并研究了在同类标度和差异粒度下的群组信息集成方法以及差异标度和差异
粒度下的群组信息集成方法。前者致力于解决同一标度体系下不同粒度信息的融合
难题，通过加权平均、信息熵等方法实现信息的有效整合；后者则针对不同标度类
型的信息融合挑战，运用映射转换、多目标优化等技术手段，寻求不同标度信息间
的一致性表达与融合路径，以充分挖掘多源信息的潜在价值，提升决策依据的全面
性与准确性。

在考虑中心度与原因度关联关系的文献综述过程中，本章围绕两个核心要点展
开。考虑属性关联的 DEMATEL 方法研究旨在突破传统 DEMATEL 方法中对因素间关
系的简单线性假设，以深入探究因素属性之间的复杂关联结构。通过引入结构方程
模型、网络分析等方法，构建更为真实、全面地反映系统要素关系的 DEMATEL 扩
展模型，从而提升对复杂系统内在机理的解释力与预测力。关于属性关联关系诱导
推理的研究则聚焦于如何从有限的观测数据或专家经验中有效挖掘、推断因素属性
间的潜在关联关系，借助机器学习中的关联规则挖掘算法、贝叶斯网络推理等技术
手段，实现对属性关联关系的智能发现与动态更新，为 DEMATEL 方法在处理复杂、
不确定系统时提供更具适应性与灵活性的关系建模能力。

在理论基础部分，本章详细阐述了四类基础理论对本研究的支撑作用。复杂
系统理论为理解研究对象的复杂性本质提供了宏观框架与系统思维视角，强调系
统要素的多样性、关联性、层次性以及动态演化性，引导人们从整体而非局部、
从动态而非静态的角度去剖析与处理问题，为 DEMATEL 方法在复杂系统情境下的
应用提供了理论依据与概念基础。群组决策理论针对多主体参与决策过程中的行
为规律、偏好融合、决策规则制定等关键问题进行深入研究，为专家团队在
DEMATEL 应用中的协同决策机制设计、意见分歧处理提供了丰富的理论工具与方
法指导，确保专家群体决策的合理性与有效性。D-S 证据理论作为处理不确定性信
息的有力武器，能够有效融合多源证据信息，在专家评价信息的综合处理、权重
分配以及冲突消解等方面发挥独特作用，增强了整个决策过程对不确定性因素的
鲁棒性与适应性。Choquet 积分理论则在多属性决策信息融合领域展现出独特优
势，通过考虑属性间的相互作用关系，实现对评价信息更为精准、全面的集成，
为挖掘复杂系统中因素间存在的非线性关联关系提供了有效的数学工具与分析
方法。

综上所述，通过对DEMATEL方法相关研究进展的全方位梳理以及对各类理论基础的深入阐释，本章清晰地呈现了当前研究领域的现状格局、热点难点以及发展趋势，为本研究后续章节在专家遴选优化、多源信息高效融合、中心度与原因度关联关系深度挖掘等方面的创新性工作提供了坚实的理论基石与丰富的研究思路，有力推动了复杂系统DEMATEL理论方法创新朝着更加深入、系统、科学的方向稳步迈进。

第3章 传统DEMATEL方法的
固有缺陷剖析

为了解析全书研究对象，明确问题来源和切入点，为后面提出新方法奠定理论基础，本章对传统DEMATEL方法存在的固有缺陷进行剖析，从而阐明本研究的理论价值。具体内容安排为：第一节剖析DEMATEL方法中专家遴选机制存在的缺陷；第二节探讨DEMATEL方法中多源信息融合机制存在的缺陷；第三节进行传统考虑中心度与原因度关联方法的缺陷分析；第四节为本章小结。

3.1 DEMATEL专家遴选机制缺陷分析

3.1.1 缺乏专家邀请依据

DEMATEL方法自提出至今，已受到国内外大量学者的关注，围绕这一主题也产生了大量的高水平研究成果。然而在对这些高质量文献进行梳理后却发现，多数研究对于专家邀请这一环节的描述过于薄弱，为何邀请这些专家？具体的邀请机制是什么？均未给出合理的解释。例如，在Zhang等[155]所发表的高质量期刊文章中，作者将模糊DEMATEL方法进行改进后运用于确定心力衰竭自我护理的关键成功因素识别案例中，在确定影响因素指标体系后，作者邀请了3位专家对各因素间的影响关系进行打分，而心力衰竭这一领域专业性较强，其与各类心血管疾病之间的领域交叉性较强，文中所邀请的3位专家具体隶属于哪些领域，他们可被选择为该研究案例的决策专家的依据是什么，作者却并未给出具体解释；Hu[156]在对人工智能在高等教育应用中的关键决定因素探索时，提出对来自广州和深圳高校的25位教育领域学者和高级工程师进行问卷调查，获得他们对于因素间影响关系的打分信息，但广州和深圳的教育学领域专家数量庞大，如何抽样出这25位专家参与决策，他们相较于其他专家有何优势，文中并未进行说明；Feng等[157]在对智能产品服务系统概念设计适应性评价的过程中，通过问卷调查的方式收集了3名专家（智能系统设计师、制造工程师和PSS领域研究人员）对17个影响因素之间的影响关系进行打分，论文中也未对专家邀请依据做出任何说明。类似地，在文献［158-160］中也存在上述问题。在如今社会高速发展的情形下，各领域专家数量庞大，针对各复杂系统决策问题，其所邀请的专家应是通过相应要求的限定从专家库中遴选出的专家，然而大量文献并未提及专家遴选这一环节，也未对如何邀请专家参与决策的具体机制做出基本的解释。在此情形下，专家邀请环节显得尤为随意，相应的专家群体的质量无法得到保障，其所给出的决策信息的说服力也随之下降，最终使得决策结果的准确性缺乏支撑。由此可见，现有的大量文献忽视了对邀请专家相关机制的说明与解释，使得专家邀请环节缺乏严谨性，也难以保证DEMATEL方法后续步骤分析结果的可靠性。

3.1.2　缺乏清晰的专家遴选机制

复杂系统通常呈现出开放性、层次性、动态性、非线性、复杂性、涌现性等特征，而作为复杂系统的分析方法，DEMATEL方法要深入剖析系统内在因素间的关联，其对于决策专家的要求也相应较高，如何从庞大的专家群体中遴选出满足需求的专家对于提高决策结果的准确性至关重要。然而，通过对现有文献进行梳理发现，现有文献的专家邀请过程机理尚不清晰，并未有学者给出清晰的遴选机制及详细的遴选过程。文献［161］在对中欧班列的发展影响因素进行分析的过程中明确指出专家打分行为存在主观性，其对于最终研究结果存在极大影响，因此在专家邀请时提出通过增加专家群体数量、丰富专家群体结构来降低决策的主观性与偏差性。该文章提到共邀请了与决策问题相关的8个领域的31名平均工作年限为15年的专家，但也未提及如何确定专家结构以及通过怎样的手段遴选出这31位专家。文献［162］在中国煤电企业转型的关键影响因素识别的研究中，通过电子邮件发送问卷的方式邀请能源电力行业高级工程师及高校电力企业管理硕士、博士等5位专家对各项指标进行评分，对于通过何种遴选机制确定的5位专家文章却并未提及。此外，文献［163］在利用DEMATEL方法对组织内部跨层级学习转化效率影响因素进行分析的过程中，明确提出在直接影响矩阵构建之前需通过专家遴选来确定最终评审专家人选，且文中提及该决策问题的评价专家应在组织学习理论和复杂决策理论方面具有丰富经验，但遗憾的是，文中仍未说明最终邀请的专家是通过何种方式遴选出来的。

综上所述，现有文献对于 DEMATEL 决策专家遴选鲜有描述，少量提及的研究中并未见清晰的遴选机制或具体的遴选方法。然而目前专家市场体系庞大，各领域中出现的多个交叉学科情境使得所面临的决策难题更为复杂，要从中寻找合适的决策分析专家具有较强的挑战性，遴选机制的缺乏也使得决策专家的可靠性大打折扣，相应地专家所给的决策信息的信度也难以保障。因此，本研究认为提供科学清晰的专家遴选机制是群组 DEMATEL 分析的重要基石，只有高水平、高信誉的群组专家才能真正发挥群组决策集思广益的优势，并保障最终决策结果的准确性。

3.2　DEMATEL 方法多源信息融合缺陷分析

3.2.1　预设评价粒度与部分专家偏好表达不匹配

传统群组 DEMATEL 方法由系统决策者预先设定评价粒度，如 $\gamma + 1 = 4$、$\gamma + 1 = 5$、$\gamma + 1 = 7$ 等，且不给出指定评价粒度的相关验证与理由，继而邀请专家在其给定的评价粒度下做出因素间影响强度的判断，专家无权选择与自身知识精度相符的评价粒度。但是，在群组 DEMATEL 实际决策情境中，专家根据自身知识经验甚至直觉做出判断，所偏好的评价粒度会有所不同。同时，专家受自身专业背景、知识结构的限制，可能无法按照既定的评价粒度给出可靠的判断。例如，在分析企业绩效影响因素时，需要对企业绩效影响因素间的关系进行判断，财务部专家拥有较为全面精细的企业财务绩效知识，即使预设的评价粒度较大也能够轻易地给出相关判断。但是，对于同一个专家面对企业非财务绩效而言，可能会因该专家知识结构和专业背景与决策问题不一致而带来知识粒度的降低，导致出现专家难以用给定的评价粒度做出判断或在两个评价粒度间犹豫的情境。因此，传统群组 DEMATEL 方法预先设定的评价粒度与部分专家的偏好表达存在的不匹配现象，与现实决策情境不相符。

3.2.2　预设评价标度与部分专家偏好表达不匹配

传统群组 DEMATEL 方法评价标度的定量表示最初是以实数的形式出现的，但是该判断信息表达形式难以反映专家判断时的不确定性、模糊性，因此关于DEMATEL 评价标度的拓展研究逐渐成了研究热点。该类研究将模糊逻辑引入专家判断信息中，比如以三角模糊数、梯形模糊数、直觉模糊数等作为专家评价标度的定量表达方式，再进行后续的DEMATEL方法步骤计算。但就目前而言，这些研究仍假设群组专家均采用同一类型评价标度对系统因素间的影响强度做出判断，未能考虑到专家在判断时倾向于选择不同类型评价标度的决策情境，这在一定程度上造成了专家判断信息的不准确。例如，两位专家分析某企业投资决策问题时，一位专家因多年从事该方面研究，能够根据决策者给定的点估计评价标度轻易做出判断，另一位专家对投资相关的财务方面的知识渊博而对社会效应方面的知识薄弱，只能以直觉模糊数的形式给出判断，而传统群组DEMATEL方法无法处理这一决策情境。因此，现有研究尚未有效解决如何兼容不同专家偏好标度的问题，亟待进一步探索能够支持专家根据自身偏好灵活选取评价标度的DEMATEL方法。

3.2.3　异质判断矩阵信息集成技术存在局限性

在传统群组DEMATEL方法中，需要将个体专家直接影响矩阵集成为群组直接影响矩阵，在此基础上计算综合影响矩阵，分析中心度、原因度。当群组专家使用同一标度、同一粒度判断时，可使用均值法对群组专家信息进行集成，得到群组直接影响矩阵，如评价标度为实数，评价粒度为7。但是，在差异标度和差异粒度的决策情境下，传统DEMATEL方法难以对其进行处理。例如，专家e_1采用粒度为4的语言术语集S^1进行判断，专家e_2采用粒度为3的语言术语集S^2进行判断，相应语言术语集如下：

$$S^1 = \{s_0^1, s_1^1, s_2^1, s_3^1\} = \{s_0^1 = 无影响, s_1^1 = 影响小, s_2^1 = 影响适中, s_3^1 = 影响大\}$$

$$S^2 = \{s_0^2, s_1^2, s_2^2\} = \{s_0^2 = 无影响, s_1^2 = 影响小, s_2^2 = 影响大\}$$

对于s_2^1和s_2^2，虽然两个语言术语的下标均为2，但是其数量内涵并不相同，s_2^1代表影响强度适中，而s_2^2代表影响强度大，此时均值法失效。当专家采用不同的评价标度时，不同类型的数据间仍无法使用均值法进行计算，如语言术语与TFNs间无法直接加和求均值。

由上述分析可知，现有群组DEMATEL方法的信息聚合是针对群组专家均采用给定的评价标度与评价粒度做出判断而言的，对于差异标度、差异粒度的专家判断直接影响矩阵，目前鲜有相关的运算法则可以满足不同类型数据间运算的需求，因此关于差异矩阵集成方式的研究尤为重要。

3.3　传统考虑中心度和原因度关联方法的缺陷分析

已有 DEMATEL 文献在考虑中心度和原因度的关联关系时至少存在三方面的缺陷（参见图 3.1），具体缺陷分析如下。

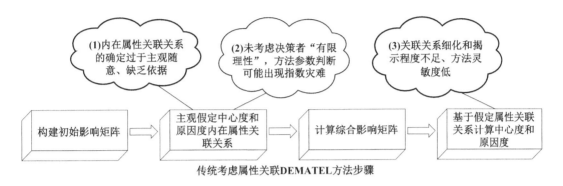

图 3.1　DEMATEL 考虑中心度和原因度关联方法的理论缺陷

3.3.1　中心度、原因度内在属性关联关系的确定过于主观武断

决策方法模型的运用往往存在一些参数的主观判断，而主观判断所带来的模糊不确定性在一定程度上降低了方法的稳定性，如果方法的核心参数完全由专家任意假定，那么该方法的不稳定性将会严重影响其可推广性。所以，应当尽可能避免用完全主观的方法确定核心参数，通过客观模型的融入提高方法的鲁棒性。

考虑中心度、原因度内在属性关联的 DEMATEL 方法中，内在属性关联关系作为该方法揭示中心度和原因度属性关联的核心参数，是后续分析的重要基础。显然，该参数的判断和推理是否合理准确决定了中心度和原因度内在属性关联关系的揭示效果，进而影响 DEMATEL 方法的关键因素分析效果。从目前部分学者的研究成果可以看出，已有的考虑中心度、原因度属性关联的 DEMATEL 方法虽然结合 Choquet 积分实现了对中心度、原因度内在属性关联关系的初步考虑，但是此类方法在关联关系的确定上完全由专家主观假定，而且所得到的判断结果完全没有客观依据，对专家特殊极端甚至错误的偏好判断无法进行相应的校验和修改。这种过于主观随意的参数确定方式使得参数准确性难以得到保证，如果结果错误，那么基于该错误的属性关联关系认知进行后续的 DEMATEL 分析必然得出脱离实际的结论。

因此，有必要对DEMATEL中心度和原因度内在属性关联关系的判断提供科学的推理方式并辅以科学、人性化的关联关系判断机理支撑，让专家能够在一定的规则下进行知识偏好的输入，尽量使专家进行熟悉事物的知识判断，避免极端特殊或错误的偏好参数导致整体DEMATEL方法失效。

3.3.2 未考虑决策者的"有限理性"，方法参数判断可能出现"指数灾难"

专家在面对复杂系统科学决策问题时，由于自身专业知识、经验的不足，在运用存在主观偏好输入的决策方法时往往力不从心，参数判断的维度灾难问题一直是困扰复杂系统科学决策研究的难题。

DEMATEL方法作为研究复杂系统因素间关系的科学方法，常被用于帮助决策者厘清多个因素间的复杂影响关系并确定关键因素，该方法的适用场景往往存在多个不同维度、不同类别的因素。不同因素间的关联关系存在巨大差异，考虑中心度和原因度内在属性关联的DEMATEL方法需要在中心度和原因度内在属性关联关系确定的基础上进行DEMATEL分析，而关联关系的确定并使用模糊测度表征必须解决随属性个数呈指数增长的参数确定问题，显然这类问题在DEMATEL的应用情境中被显著放大。此外，模糊测度作为一种具有非可加特性的抽象概念，几乎不在专家日常决策中出现，专家对其感知能力较差，相关研究考虑到其复杂抽象的特性，都尽量避免专家对模糊测度的直接知识判断。这是因为，面对海量不熟悉事物的准确判断任务，专家很可能表现出"有限理性"的特征，使得判断结果不准确、相互矛盾，甚至无法判断，导致方法失效。

鉴于目前考虑中心度和原因度内在属性关联的DEMATEL方法直接忽视了参数判断主观模糊和指数灾难问题的缺陷，有必要在考虑专家"有限理性"的前提条件下，对DEMATEL方法进行深度拓展，构建一套科学可行的中心度和原因度内在属性关联关系推理模型，通过客观科学推理模型的辅助，降低专家知识判断输入的难度，提升方法核心参数确定的可靠性和准确性，进而增强改进方法在实际应用中的可操作性。

3.3.3 方法灵敏度不足

考虑中心度和原因度内在属性关联的DEMATEL方法需要分析多种不同的系统要素，不同种类要素间的关联关系显然是不同的，而随着复杂系统复杂程度的增加，可能某个要素间关联关系的变化会导致整个DEMATEL分析结果的转变，这就意味着其对DEMATEL方法的精度要求也随之提高，对不同的属性关联关系不能"一刀切式"地解决，具体的属性关联关系需要具体处理，这样才能保证方法的科学性和合理性。

虽然已有相关改进的DEMATEL方法使用λ–模糊测度代替传统模糊测度改善参数判断的指数灾难问题，但是λ–模糊测度作为一种特殊模糊测度[154]，是以牺牲自身对属性关联关系的表征能力为代价来解决指数灾难问题的，也就意味着该方法无法揭示中心度、原因度内在属性间的所有关联关系（即用同一种关联关系表征不同属性间的关联关系）。然而，不同属性间往往存在不同的关联关系，如果只是笼统地考虑一种属性关联关系，对不同属性间具体的关联关系予以忽视，那么将严重影响考虑中心度和原因度内在属性关联的DEMATEL方法的灵敏度与合理性。例如文献[11]中的方法在推断得到属性关联关系时，认为供应商的成本价格属性与环境管理属性存在冗余关联，然而在实际中，供应商如果进行环境管理建设实践，往往伴随着成本的增加；同样，当供应商实施成本紧缩战略时，供应商的环境管理往往会受到一定程度的轻视，所以在供应商选择时，成本价格和环境管理两者常常呈现互补关联关系，即一个供应商在价格成本和环境管理方面同时表现优异，管理者往往认为该供应商的整体表现应该大于两方面表现之和。该文献中方法得出的属性关联关系显然与实际不相符，若再在此基础上使用Choquet积分计算中心度和原因度，则所得到的结果自然与基于准确属性关联关系进行Choquet积分计算的结果不同，分析所得的关键因素也会改变。

因此，考虑中心度和原因度内在属性关联的DEMATEL方法需要对属性关联关系的推断和表征进行细化拓展，保证在避免专家"有限理性"问题的同时，尽可能地对不同属性间具体的关联关系进行揭示，避免粗略、笼统地处理属性间关联关系，使得改进方法能够通过充分彻底地考虑中心度和原因度的内在属性的关联关系，增强改进方法对不同复杂系统的灵敏度，确保计算得到的中心度和原因度指标符合各自的内涵及现实意义。

3.4　本章小结

本章系统地剖析了传统DEMATEL方法存在的固有缺陷，从专家遴选机制、多源信息融合以及考虑中心度和原因度关联方法三个主要方面展开详细分析，旨在全面揭示传统方法的局限性，为后续的改进与创新提供明确的切入点与方向指引。

在专家遴选机制方面存在着明显的缺陷。首先，传统DEMATEL方法往往缺乏明确且合理的专家邀请依据，导致在选择专家时具有较大的盲目性与随意性，难以确保所选专家能够精准适配研究需求并提供高质量的专业意见。其次，整个专家遴选过程缺乏一套清晰、严谨且标准化的机制，无法对专家的资质、经验、领域知识深度和广度等关键要素进行全面且有效的评估与筛选，极大地影响了决策的科学性与可靠性。

多源信息融合环节同样暴露出诸多问题。一方面，预设的评价粒度常常与部分专家的偏好表达难以契合，这种不匹配现象使得专家在评价过程中受到束缚，无法准确且充分地表达其对问题的见解与判断，进而导致信息的丢失或扭曲。另一方面，预设评价标度也存在类似的弊端，与部分专家的主观评价习惯和偏好相背离，造成评价结果的偏差与失真。此外，传统方法在处理异质判断矩阵信息集成时，所采用的技术手段具有显著的局限性，无法有效地整合不同类型、不同来源的信息，降低了信息融合的准确性与完整性，限制了对复杂系统全面而深入的分析能力。对于传统考虑中心度和原因度关联的方法而言，缺陷也较为突出。其确定中心度、原因度内在属性关联关系的过程过度依赖主观判断，缺乏客观的数据支撑与严谨的推理依据，使得这种关联关系的界定存在较大的不确定性和随意性，难以真实地反映复杂系统中各因素之间的内在联系。同时，该方法忽略了决策者的"有限理性"特征，在处理方法参数判断时，容易引发指数灾难现象，导致计算复杂度急剧上升，不仅耗费大量的计算资源，还可能使决策过程陷入困境甚至得出错误结论。再者，传统方法的灵敏度不足，在面对复杂多变的系统环境与数据波动时，难以快速、精准地捕捉到关键因素的变化及其影响，降低了方法的适应性与有效性，无法为决策提供可靠的支持。

综上所述，传统DEMATEL方法在多个关键环节存在不容忽视的缺陷，严重制约了其在复杂系统分析与决策领域的应用效果与实践价值。通过对这些缺陷的深度剖析，为后续研究有针对性地提出改进策略与创新方法奠定了坚实基础，有助于推动DEMATEL相关理论与方法的进一步发展与完善。

第4章　复杂系统DEMATEL专家遴选模型构建

本章主要研究复杂系统DEMATEL方法中专家遴选模型的构建。内容安排如下：第一节给出专家遴选模型的构建思路；第二节与第三节分别给出基于领域契合的专家初步遴选过程与基于信誉测度的专家最终遴选过程；第四节为本章小结。

4.1　模型构建思路

前面对于DEMATEL方法的介绍及相关文献的总结归纳，可为本章专家遴选模型的构建提供方向指引。DEMATEL专家遴选模型构建的框架思路参见图4.1。

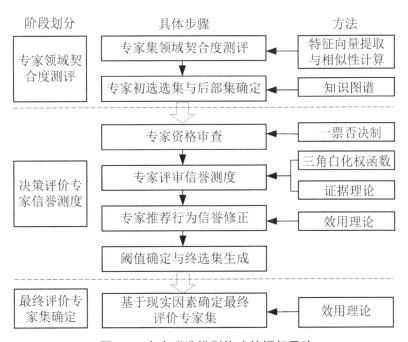

图4.1　专家遴选模型构建的框架思路

首先，在遴选准则方面，本书考虑到现有研究中直接给出专家组参与DEMATEL决策解释不足的缺陷，提出具体的专家遴选依据，保障专家遴选的科学合理性。在构建遴选准则的过程中，结合前面章节对现有各类专家遴选的研究，本章考虑到只有领域契合的专家才能给出具有专业性和针对性的决策信息，若选择非该领域专家参与决策，则无论其在其他领域的专业能力有多强，都无法保证其对于本领域问题的认知程度，相应地只会大幅增加决策风险。同时，为保障专家评价的可靠性，本章考虑选择信誉较高的专家参与决策。若专家信誉较高，则其所给评价信息相较而言受个人因素影响较小，客观性较高，信息的价值也更高。相较于前面研究中基于一致性检验的专家可靠性，这种选择避免了见解独到的专家被剔除情况的发生。相较于综合评价而言，本章遴选准则化繁为简，采用领域专家和高信誉专家两个专家遴选准则，为确保决策信息的专业性与可靠性提供准则依据。

其次，在遴选模型构建思想上，本研究为保障遴选出的专家满足领域契合、信誉高的要求，依据上述遴选准则构建出层次遴选模型。该模型依据不同准则对专家展开逐层遴选，避免采用综合评价使得过高指标值拉平综合评价值而影响专家遴选结果不合理情况的出现。先通过知识图谱构建及专家与决策问题领域间相似性计算得到初选专家集和候补专家集；再对以上专家集中各专家展开信誉测度，从而遴选出高契合度、高信誉的专家群体参与决策，保障决策结果的专业性、公正性和确定性；同时考虑专家推荐行为对其信誉的影响，基于被推荐者的反评价信息对专家信誉进行修正；最终，结合各专家的实际情况确定最终邀请的决策专家集，如出现时间安排冲突等情况，可邀请候补集中的专家参与决策。

最后，在遴选方法的选择上，针对不同的层次模型，采用的方法也不尽相同。在专家初选集构建过程中，考虑到当前专家集信息量庞大，需结合知识图谱与专家推荐方法，初步遴选出与当前项目领域契合的高水平专家。在信誉测度上，鉴于证据理论在数据融合上的优秀表现，通过证据理论实现不同数据的融合，并考虑证据冲突与证据数量差异对信息可靠性的影响，构建折扣系数对证据信息进行修正，同时结合D-S合成规则的优劣势，对各证据采用先分组再修正融合来保障结果的合理性。

4.2　基于领域契合的专家初步遴选

本节的 DEMATEL 决策专家初步遴选基于专家领域契合度展开，然而现有的各个领域与行业中的专家数量体系庞大，以生态经济领域为例，仅在知网上搜索出的发文量超过 20 篇的高频作者就达 32 位，加上该领域内相关从业人员，可供邀请的专家数量较大。DEMATEL 通常邀请多位专家参与决策，群体决策虽然是集思广益的过程，但决策专家数量过大会带来较大的数据整合工作量，且对于决策活动组织者而言会造成更大的成本支出。因此，如何从体量巨大的专家群体中遴选出合适数量且领域契合度较高的专家群体构建专家初选集成为本节的研究重点。

4.2.1　决策问题领域标签及特征向量的构建

随着当前各学科领域的多元化发展，DEMATEL 方法所面临的决策问题也日趋复杂化，通常表现为多领域、多学科交叉，在现有文献中通过相应的算法对评价项目描述性文档进行关键词识别可有效构建其领域标签与特征向量。但针对 DEMATEL 方法而言，为保障决策结果的科学性、实用性，其影响因素识别过程中通常涵盖的领域范围也较为广泛，如文献 [164] 中对于区域大型光伏电站选址的研究，从资源、环境、经济、社会四个维度构建指标体系，相应地要求群组专家的知识应全面包含上述领域，由此可知，因素指标体系中所蕴含的领域信息也为遴选专家提供了一定的参考依据。基于上述认识，本节在对决策问题领域展开分析时，将结合问题描述信息与指标体系解释信息分别构建特征向量后再聚合，以保障领域分析的全面性。

现有文献中的领域识别方法主要包含人工识别和算法识别，结合待评项目的描述性文档通过人工解读或相应算法应用可分析出该项目所属领域，从而构建领域标签，相应算法中目前应用相对较多的包括 LDA（潜在的狄利克雷分布）主题模型[165]、TF-IDF（词频-逆文档频次）算法[166]、TextRank 算法[167] 等。其中 TextRank 算法的基本思想来源于谷歌的 PageRank 算法，因其在关键词抽取中表现出较强的稳定性，目前已被广泛运用于自然语言处理类的研究。因此，这里选择该算法完成决策问题领域标签与特征向量的构建是合适的。

TextRank 算法的核心思想是依据文档中各候选词之间的关系，以词为节点、词间联系为边构建有向图，再通过循环迭代的方式计算出各候选词的权重，通过排序选择排名靠前的词构建关键词向量，其循环迭代计算公式如下：

$$WS(o_i) = (1-d) + d \times \sum_{v_k \in In(o_i)} \frac{\omega_{ji}}{\sum_{v_k \in Out(o_i)} \omega_{jk}} WS(o_j) \qquad (4.1)$$

式中 $WS(o_i)$ 代表节点 o_i 的权重；d 代表阻尼系数，通常取0.85；$In(o_i)$ 是指向 o_i 的点集合；$Out(o_i)$ 则是 o_i 指向的点集合；ω_{ji} 为图中 o_j 指向 o_i 的权重，权重大小由指向 o_i 的节点个数和 o_i 的出现频次决定。基于此，TextRank算法的关键词抽取步骤如下：

步骤1：文本预处理。先对文档进行分词和词性标注处理，再引入停用词表去除无实义的词。

步骤2：构建词图。用文本预处理之后的词语构成节点集合，根据词语的共现关系构建边集合。边的构建采用滑动窗口机制，即当两个节点在固定长度的窗口中共现时，它们之间才会存在边。

步骤3：根据公式（4.1）迭代各节点的权重，直到结果收敛。

步骤4：对结果进行排序，得到top-k关键词及其权重，以构建文档的关键词特征向量。

值得说明的是，上述思想与步骤可通过编程软件实现该算法。同时，考虑到TextRank算法识别出的关键词通常较为简短，本章在关键词识别的基础上加入了关键词组识别。关键词组即由关键词构建且在文档中出现频率较高的词组。关键词组较关键词而言含义更为具象，更适合用来作为决策问题的领域标签。比如，在对"数据资源的集成利用和数据库建设是城市大数据平台构建的基础"进行关键词抽取时，将数据资源划分为"数据/资源"，而通过关键词组提取，则可将"数据资源"作为关键词组抽取出来，"数据资源"相较于"数据"和"资源"而言表达的含义更为精确，更适合作为该文档的领域标签。需要强调的是，利用关键词组作为特征向量存在数据冗余的情况，如"数据资源"与"数据平台"实际含义差距较大，但因其都包含"数据"，其语义相似度为0.7，而"资源"与"平台"之间的语义相似度为0.3。由此可见，通过关键词计算领域相似度更为准确，利用关键词特征向量作为文档的特征向量是可行的。

基于上述分析，通过决策问题描述信息构建其领域标签与特征向量：

$$I_1 = \left\{ P_1^1, P_2^1, \cdots, P_{l_1}^1 \right\}$$

$$I_{R1} = \left((p_1^1, v_1^1), (p_2^1, v_2^1), \cdots, (p_m^1, v_m^1) \right)$$

通过指标体系解释信息，构建其领域集合和领域特征向量：

$$I_2 = \left\{ P_1^2, P_2^2, \cdots, P_{l_2}^2 \right\}$$

$$I_{R2} = \left(\left(p_1^2, v_1^2 \right), \left(p_2^2, v_2^2 \right), \cdots, \left(p_l^2, v_m^2 \right) \right)$$

其中，P_j^i 和 p_j^i 分别表示通过 TextRank 算法识别出的关键词组与关键词。综合上述所得结果，将其合并运算得到待决策问题所属领域集合为：

$$I = I_1 \bigcup I_2 = \left\{ P_1, P_2, \cdots, P_l \right\} \tag{4.2}$$

取前 m 个关键词并对其权重归一化构建特征向量：

$$I_R = I_{R1} + I_{R2} = \left(\left(p_1, v_1 \right), \left(p_2, v_2 \right), \cdots, \left(p_n, v_m \right) \right) \tag{4.3}$$

其中，$v_i = \left(v_i^1 + v_i^2 \right) / 2$。

4.2.2　专家知识图谱及特征向量的构建

为保证所遴选出来的专家集满足高水平与经验丰富的特征，本章先依据上述步骤构建领域集合，根据专家推荐形式构建备选专家库，且为保障专家集满足知识结构互补，将专家来源扩展为高校、企业、政府等不同类型机构；再从中选择近三年内参与过与上述决策问题涉及领域相关的项目评审活动达3次及以上的专家来构建专家候选集 $\left\{ DM_1, DM_2, \cdots, DM_m \right\}$。考虑到一般 DEMATEL 决策活动所需专家数量通常不超过16位[161]，本章在构建候选集时，为避免遴选过程复杂化以及保障最终遴选出的专家数量满足合理性需求，令 $m \in [10, 15]$。

针对专家集，结合各专家的多源信息可为其构建知识图谱，从而构建专家研究领域集合，并依据合作群体信息构建出各专家的候补集合，防止时间冲突等特殊情况发生时没有合适的替补专家参与决策。知识图谱构建依据主要为专家论文数据、参与评价决策活动信息以及合作网络信息，为保障时效性仅取近五年的数据。专家论文数据主要来源于知网数据库的非结构化数据，评价决策活动信息主要为描述性文档数据，而合作网络信息的获得主要基于论文合作、项目合作等信息的提取。将上述信息分别进行数据获取、数据清洗、实体抽取、关系抽取和实体对齐后，可建立各专家的三元组 (C, R, S)。将整理的实体和关系等信息存储后，借助 Neo4j 图数据库即可实现专家知识图谱可视化，如图4.2所示。

基于上述信息可提取出专家、论文、项目、合作专家四类实体，而与每位专家相关的领域实体需要从论文摘要等文本数据中抽取，因此本章对论文文本数据及项目描述文本数据利用 TextRank 算法进行关键词的提取，再经过实体对齐操作后，获

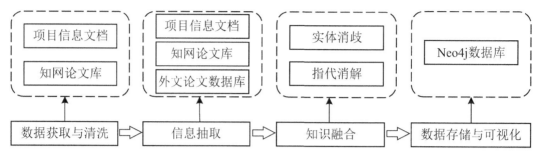

图4.2　专家知识图谱构建流程

得专家的领域实体。结合上述TextRank算法描述与步骤，可通过输入的论文数据和文档数据获取各专家的多组关键词组，由此构建的各文档数据领域标签与关键词特征向量分别为：

$$P = \left\{ Q_{i1}, \ Q_{i2}, \ \cdots, \ Q_{in} \right\}$$

$$P_{Ri} = \left(\left(q_{i1}, \ u_{i1} \right), \ \left(q_{i2}, \ u_{i2} \right), \ \cdots, \ \left(q_{in}, \ u_{in} \right) \right)$$

通过领域标签将上述领域实体信息利用Python字典键值唯一的特性，对全部的领域实体进行去重操作，实现实体的对齐。由前述分析可知，本章所构建的专家知识图谱共包含专家、项目、论文、合作专家、领域五类实体。将整理的实体和关系等信息存储在文档（本章使用CSV格式）中，利用Neo4j图数据库即可进行数据存储，实现可视化操作。

在构造专家领域标签与关键词特征向量时，要将各文档中提取的信息进行整合，从而提炼出领域标签与特征向量信息。考虑到专家可能因合作关系等原因参与一些项目或论文工作，而这些信息所代表的专业领域与专家实际擅长领域之间有所差异，为避免此类信息对专家特征向量构建产生过大影响，本章通过分析包含关键词的文档数与总文档数的关系来计算各关键词的综合权重。结合上述Textrank算法计算出各文档关键词及其对应权值后，依据下式可得出各关键词的综合权重为：

$$u_j' = u_{ij} \times \frac{\left\{ i\colon q_{ij} \in d_i \right\}}{|D|} \tag{4.4}$$

其中$|D|$为所有文档的数量之和，$\left\{ i\colon q_{ij} \in d_i \right\}$为包含关键词$q_{ij}$的文档数量，若包含关键词$q_{ij}$的文档越多，则该关键词越能代表该专家领域，则其权重越大。取综合权重较大的关键词并对其权重归一化，可构建出专家特征向量DM_k的领域特征向量为：

$$P_{Rk}' = \left(\left(q_{k1}, \ u_{k1}' \right), \ \left(q_{k2}, \ u_{k2}' \right), \ \cdots, \ \left(q_{kn}, \ u_{kn}' \right) \right)$$

由于各文档领域标签依据关键词而来，因此取各文档领域标签集合中包含特征向量关键词的词组来构建专家DM_k的领域标签，即

$$P'_k = \left\{ Q_{k1}, Q_{k2}, \cdots, Q_{kn} \right\}$$

此时，通过知识图谱能够直观地反映各专家与其合作专家的领域重合程度，可依次选择领域重合度较高的合作专家构建候补专家集，当客观条件限制致使专家无法参与决策时，选择候补集中的专家替代该专家参与决策。

4.2.3　领域契合度测算及专家初选

专家与决策问题领域契合度的测算，即计算各专家研究领域与待决策问题涉及领域之间的相似程度。传统的相似性度量直接计算专家特征向量与待决策问题特征向量间的相似性，忽略了不同关键词之间的差异程度，使得计算结果失之偏颇。因此本章在计算领域相似性时，将专家特征向量与决策问题特征向量对齐后再计算向量相似度，同时结合相应遴选条件构建出专家初选集，具体步骤如下：

步骤1：DEMATEL决策问题与候选专家特征向量构建。通过4.2.1的内容，可构建问题特征向量$I_R = \left(\left(p_1, v_1\right), \left(p_2, v_2\right), \cdots, \left(p_n, v_m\right) \right)$；通过4.2.2的相关知识，可构建专家$DM_i$特征向量$P'_{Ri} = \left(\left(q_{i1}, u'_{i1}\right), \left(q_{i2}, u'_{i2}\right), \cdots, \left(q_{in}, u'_{in}\right) \right)$。

步骤2：特征向量间关键词相似度计算。针对上述两个特征向量，结合文献[168]中基于HowNet的语义相似度计算方法，可计算出专家DM_i特征向量中关键词q_{ij}与问题特征向量中对应关键词p_k的相似度为：

$$\mathrm{sim}\left(q_{ij}, p_k\right) = \max \left\{ \mathrm{sim}\left(q_{ij}, p_1\right), \mathrm{sim}\left(q_{ij}, p_2\right), \cdots, \mathrm{sim}\left(q_{ij}, p_n\right) \right\} \quad (4.5)$$

步骤3：特征向量对齐。结合上述相似度计算结果对专家向量与问题向量进行对齐。考虑到向量P'_{Ri}中部分关键词与I_R中关键词语义相差过大，若将其强行对齐反而会影响结果的准确性，因此设定语义相似度阈值λ，将低于相似度λ的关键词归为p_ϕ，则对齐后的领域特征向量分别为：

$$I'_R = \left(\left(p_1, v_1\right), \left(p_2, v_2\right), \cdots, \left(p_n, v_m\right), \left(p_\phi, 0\right) \right)$$

$$P''_{Ri} = \left(\left(p_1, w_1\right), \left(p_2, w_2\right), \cdots, \left(p_m, w_m\right), \left(p_\phi, w_\phi\right) \right)$$

其中$w_i = u'_i \times \mathrm{sim}\left(q_{ij}, p_k\right)$，$w_\phi = 1 - \sum w_i$。

步骤4：领域契合度计算。结合对齐后的问题与专家向量I'_R和P'_{Ri}，可计算出专家DM_i与待决策问题间的领域相似度为：

$$similar\left(I_R, P_{Ri}\right) = \frac{\sum_{p_j = q_{ik}} v_j \times w_{ik}}{\sqrt{\sum_{j=1}^{m} v_j^2}\ \sqrt{\sum_{k=1}^{n} w_{ik}^2}} \qquad (4.6)$$

依据式（4.6），可计算出各专家与决策问题的领域契合程度。显然，契合度越高的专家越适合被遴选为评价专家。

步骤5：领域标签相似度检验。为保障各专家真正擅长的领域与问题领域契合，应保证专家领域标签与问题领域标签存在一定相似性，即 $I \bigcap P_i \neq \phi$，且专家特征向量中特征值较高的关键词隶属于问题领域集合。接下来，将专家 e_i 领域集合通过特征值大小进行排序，得到

$$P''_{Ri} = \left(\left(p_{i1}^1, w_1^1\right), \left(p_{i2}^2, w_2^2\right), \cdots, \left(p_{im}^m, w_m^m\right), \left(p_{i(m+1)}^{m+1}, w_m^{m+1}\right)\right)$$

其中，p_{i1}^1 为专家 DM_i 权值排序第一的关键词，若排序前三的关键词中存在被包含于集合 I 内的关键词，则认为专家擅长领域与决策问题领域相契合，即

$$\left(p_{i1}^1, p_{i2}^2, p_{i3}^3\right) \bigcap I \neq \phi$$

步骤6：专家初选集构建。结合领域契合度计算，遴选出领域契合的 K 个专家构建初选专家集，再结合领域标签相似度检验，得到满足要求的专家初选集 $E_{sel1} = \left\{DM_1, DM_2, \cdots, DM_l\right\}$，为后续基于专家信誉展开专家遴选奠定基础。

4.2.4 算例分析

随着信息通信技术和互联网技术的跨越式提升，智慧城市应运而生，成为城市建设与发展的新方向。以A市智慧城市建设能力影响因素分析为例，需要遴选与领域契合的专家参与决策，为A市提高智慧城市建设能力提供智库专家支持，其对应基于领域契合度的专家遴选主要流程如下：

首先，基于该问题描述性文档，为其构建领域集合与特征向量。结合4.2.1的内容，利用TextRank算法提取关键词与关键短语的核心思想与实现步骤，通过Python代码实现该算法，并依次识别出文档中的关键词信息，具体如表4.1所示。

表4.1 信息提取数据

	数量	详细信息
关键词	184	城市、智慧、建设、能力、发展、治理、融合、技术、公众、信息化……
关键短语	51	智慧城市、城市建设、城市治理、城市发展、城市信息化、社会治理、治理能力……

选取 Top5 的关键短语构建领域集合 $I_1 = \{P_1^1, P_2^1, P_3^1, P_4^1, P_5^1\}$，其中 P_1^1 为智慧城市，P_2^1 为城市建设，P_3^1 为城市发展，P_4^1 为城市治理，P_5^1 为城市信息化。

考虑到关键词数量较多，而权重较小的关键词对于领域识别的贡献较小，因此选取 Top10 的关键词构建其关键词特征向量 I_{R1}。

$$I_{R1} = \begin{pmatrix} (p_1^1, 0.254), (p_2^1, 0.115), (p_3^1, 0.115), (p_4^1, 0.113), (p_5^1, 0.107), \\ (p_6^1, 0.095), (p_7^1, 0.059), (p_8^1, 0.051), (p_9^1, 0.040), (p_{10}^1, 0.043) \end{pmatrix}$$

其次，构建该决策问题的影响因素指标体系（参见表 4.2），结合各指标的解释性描述，以同样的方式构建基于指标体系的领域标签与特征向量。选取 Top5 的关键短语构建领域集合 $I_2 = \{p_1^2, p_2^2, p_3^2, p_4^2, p_5^2\}$，其中 p_1^2 为城市建设，p_2^2 为技术产业，p_3^2 为战略规划，p_4^2 为基础设施建设，p_5^2 为信息化。选取 Top10 的关键词并构建其关键词特征向量 I_{R2}。

$$I_{R2} = \begin{pmatrix} (p_1^2, 0.161), (p_2^2, 0.160), (p_3^2, 0.137), (p_4^2, 0.134), (p_5^2, 0.102), \\ (p_6^2, 0.078), (p_7^2, 0.078), (p_8^2, 0.061), (p_9^2, 0.046), (p_{10}^2, 0.042) \end{pmatrix}$$

表 4.2　影响因素指标体系

一级指标	二级指标
技术维度	技术风险防控能力
	技术创新能力
基础设施建设维度	信息基础建设水平
	信息与通信技术发展水平
政府维度	资金投入程度
	战略规划能力
	管理体制完善水平
	公共服务完善水平
信息维度	信息共享水平
	信息保护水平
公民维度	人文素养水平
	人才培养及引进能力

将上述二者信息进行结合，可得到该决策问题的领域标签为：

$$I = I_1 \bigcup I_2 = \left\{P_1, P_2, P_3, P_4, P_5, P_6, P_7, P_8\right\} =$$
$$\{\text{智慧城市, 城市建设, 城市发展}, \cdots, \text{城市信息化}\}$$

取合并后的权重排名前十的关键词构建其关键词特征向量I_R。

$$I_R = \begin{pmatrix} (p_1, 0.223), (p_2, 0.148), (p_3, 0.136), (p_4, 0.113), (p_5, 0.093), \\ (p_6, 0.073), (p_7, 0.072), (p_8, 0.051), (p_9, 0.049), (p_{10}, 0.042) \end{pmatrix}$$

再次，对候选专家集中的专家，以DM_1和DM_2为例，基于专家信息，通过TexRrank可得其领域标签，结合其他信息构建包含专家、领域、合作专家等五类实体的知识图谱，如图4.3所示。基于该知识图谱可较为清晰地分辨出各专家的所属领域与合作专家，以便为后续专家遴选提供参考信息。

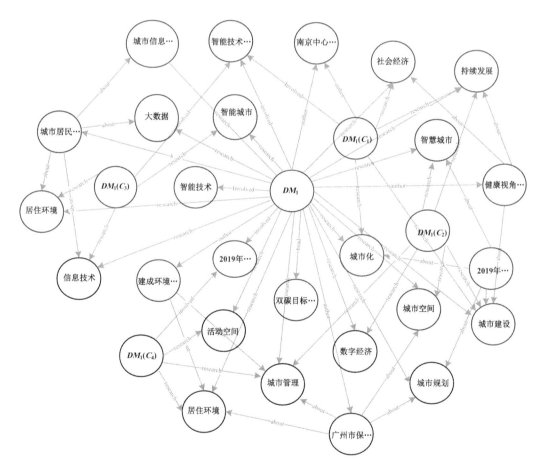

图4.3 知识图谱局部

同时，结合式（4.4）计算出各关键词的综合权重，从而构建出专家DM_1的特征向量P'_{R1}为：

$$P'_{R1} = \begin{pmatrix} (q_{11}, 0.212), (q_{12}, 0.118), (q_{13}, 0.108), (q_{14}, 0.102), (q_{15}, 0.087), \\ (q_{16}, 0.086), (q_{17}, 0.076), (q_{18}, 0.076), (q_{19}, 0.073), (q_{20}, 0.061) \end{pmatrix}$$

通过领域标签与特征向量对比发现专家 DM_1 符合领域擅长原则，通过 HowNet 进行特征向量对齐，得到对齐后的特征向量为：

$$P''_{R1} = \begin{pmatrix} (q_{11}, 0.118), (q_{12}, 0.212), (q_{13}, 0.102), (q_{14}, 0), (q_{15}, 0.076), \\ (q_{16}, 0.036), (q_{17}, 0.023), (q_{18}, 0), (q_{19}, 0.026), (q_{20}, 0.044), (q_{\psi}, 0.363) \end{pmatrix}$$

依据对齐后的特征向量和式（4.6）计算出专家 DM_1 与决策问题领域的契合度为：

$$similar\left(I_R, P''_{R1}\right) = 0.558$$

同理，计算出专家 DM_2 满足领域擅长原则，其领域契合度为：

$$similar\left(I_R, P''_{R2}\right) = 0.493$$

由 $similar\left(I_R, P''_{R1}\right) > similar\left(I_R, P_{R2}\right)$ 可得专家 DM_1 相较专家 DM_2 更适合被选为该决策问题的评价专家。依此类推，可从专家群体中遴选出与该领域契合度高的专家参与该问题的决策。

同时，依据专家 DM_1 的图谱可查询到其合作群体中与其研究领域重合较多的排名前三的专家 $\left\{DM_1\left(C_2\right), DM_2\left(C_3\right), DM_3\left(C_4\right)\right\}$，以此构建专家 DM_1 候补集，若专家 DM_1 因工作冲突等无法参与决策，则可按候补集顺序进行替补。

4.3　基于信誉测度的专家最终遴选

信誉是对各行为主体履行各项准则的能力以及可信程度的反映。在复杂系统决策过程中，各专家判断信息均具有一定的主观色彩，部分专家即使专业水平较高，但在判断过程中仍可能受到个人素养与道德品行的影响而给出有偏差的决策信息，使得最终决策结果与实际情况不符。为有效规避项目决策中的潜在风险，提升决策质量，应对上述所得初选集中的各高水平专家展开信誉测度，从而遴选出信誉较高的专家参与决策活动，以保障决策结果的准确性与可靠性。

现有研究中对于专家信誉的研究通常从行为规范与评价活动表现两个方面展开，本章在此基础上考虑到专家不良推荐行为对其信誉的负面影响，提出更为全面的专家信誉测度方法。首先，从专家行为规范出发实现专家评价资格审查，以专家是否存在行业内违规行为来直接决定专家是否有资格参与当前决策活动；其次，对于通过资格审查的专家，结合其历史参与决策活动的反馈信息对专家评价信誉进行测度并得到具体的信誉测度值；然后，依据专家推荐行为及被推荐专家的信誉值对专家信誉进行修正，得到各专家的综合信誉值；最后，通过阈值设定遴选出高信誉专家群体。

4.3.1 基于行为规范的专家资格审查

对于专家而言，是否遵纪守法并遵从行业规定决定了其基本信誉的高低，而基本信誉较低的专家，其评价结果的公正性有待商榷，为降低决策风险，应避免邀请此类专家参与决策活动。本章在进行资格审查时对初选集中各专家是否存在相关违规记录进行调查，主要包括资格诚信记录、从业违规记录、学术不端行为记录和评审违规记录。其中，资格诚信记录主要指伪造个人履历、提供不实个人信息的记录；从业违规记录是指从业以来有违反行业相关规定制度的记录；学术不端行为记录即违反学术规范、学术道德的行为记录，包含捏造数据、篡改数据、剽窃他人学术成果等弄虚作假、学术不端行为的记录；评审违规记录主要指参与各类项目评审时存在违反相关规定的记录，如泄露评审资料、评审过程中擅离职守、接受评审机构贿赂而给出虚假信息等。若专家集中存在上述违规记录，则直接认定该专家的信誉极差，将其从专家集中剔除，不予后续信誉测度。

4.3.2 基于证据理论的专家信誉测度

各决策活动或项目评审活动通常更倾向于邀请专业水平较高的专家参与其中，能力较强的专家往往也具备丰富的决策经验。在每次决策活动中，专家需结合决策问题的实际情况与自身学识、经验积累给出专业可靠的评价信息，而各专家在此过程中的行为表现也成为其信誉积累的凭证，以及该专家能否参与下一次决策活动的参考依据。若专家在多次决策中表现较差，各决策活动组织者与其再次合作的意愿会变低，此时应避免邀请这类专家参与决策，以降低决策风险。

在专家参与不同决策活动的过程中，其不良行为表现会对其信誉产生不良影响，文献［169］中提出从专家的评审态度、评审及时性来评估专家评审信誉，文献［170］中提出专家能否按时完成评审任务、对评审规则是否清楚也是专家信誉的一种表现，文献［171］中还在其指标体系中增加了专家在评审中的配合度。基于上述考虑，本章选取专家参与项目评审时的决策信息反馈及时性（C_1）、评审态度（C_2）、评审配合度（C_3）为主要考察指标。决策信息反馈的及时性反映出专家对于决策活动的重视程度，若专家存在拖延情况，则会拖慢决策活动的整体进度；评审态度反映了专家对于决策工作的认真程度，若专家态度敷衍，则会影响最终决策结果的准确性；评审配合度反映专家对于评价工作的负责程度，专家能否遵循评审规则，以及对于活动组织者的要求能否积极配合，都可反映其信誉水平。通过对上述指标打分得到专家 DM_k 参与的第 j 个项目的三项指标得分分别为 $T_k^j(C_1)$、$T_k^j(C_2)$ 和 $T_k^j(C_3)$，则其参与该项目的综合信誉评估值 T_k^j 为：

$$T_k^j = \alpha_1 T_k^j(C_1) + \alpha_2 T_k^j(C_2) + \alpha_3 T_k^j(C_3) \tag{4.7}$$

其中，$T_k^j(C_1)$, $T_k^j(C_2)$, $T_k^j(C_3) \in [0, 10]$，$\sum \alpha_i = 1$。

对于专家信誉评估信息的综合，使用均值无法体现个别低评价信息对专家信誉的影响，且不同专家参与决策的数量有所差异，通过加和也无法展开专家信誉对比。鉴于证据理论在信息融合中的优越表现，且不同来源信息的融合也反映了专家信誉积累的过程，本章优先考虑使用证据理论对多源信誉评价信息进行融合。同时，考虑到不同专家的信息来源不同，不同专家存在的主观偏好可能导致各信息间出现较大冲突，且不同专家的信息源数量可能存在差异，本章从证据质量和证据数量两个角度对证据信息予以整合，以增加数据合成结果的准确性。

4.3.2.1　考虑证据质量的 BPA 修正

在收集到各专家信誉评价信息后，首先利用文献 [172] 中提出的中心点三角白化权函数将其转化为识别框架 $H = \{H_1, H_2, H_3, H_4, H_5\}$ ={很差，较差，中等，较好，很好} 上的基本概率分配函数形式，基于此可获得初选专家集 $\{DM_1, DM_2, \cdots, DM_m\}$ 的证据集 $\{E_1, E_2, \cdots, E_m\}$，其中 $E_i = \{e_1, e_2, \cdots, e_n\}$。

结合证据质量和证据间冲突，计算各个证据的折扣系数。如前所述，现有研究中对于证据间冲突的度量使用最为广泛的方法为冲突系数 k、Jousselme 距离、Pignistic 概率距离和夹角余弦相似度，而不同方法对于证据间冲突的反映程度也有所差异。从文献 [173] 对这四种方法在不同情形中的应用可发现，相较于冲突系数 k、Jousselme 距离和 Pignistic 概率距离，夹角余弦相似度计算证据间冲突程度的准确性更高。为此，本章利用夹角余弦相似度来度量证据间的冲突程度。

同时，考虑到 D-S 合成规则具有聚焦性，且其对于低冲突证据的融合收敛性较强，本章在算得各证据系统 $E_i = \{e_1, e_2, \cdots, e_n\}$ 中各条证据之间的冲突程度后，设定冲突阈值 k'_{ef}。

当该证据系统中各条证据间的冲突程度小于阈值（即 $\max\{k'_{ij}\} < k'_{ef}$）时，则不对该证据组进行折扣系数修正，并直接利用D-S合成规则得到综合结果。

当该证据系统中各条证据间的冲突程度大于阈值（即 $\max\{k'_{ij}\} \geq k'_{ef}$）时，则考虑结合证据冲突程度，将证据进行分组并计算出各证据组折扣系数，进而利用改进证据合成规则得到最终证据合成结果。

具体步骤如下：

步骤1：冲突程度计算。在由 n 个证据组成的证据系统 $\{E_1, E_2, \cdots, E_n\}$ 之中，任意两条证据对应的基本概率分配函数 m_i 和 m_j 之间的余弦相似度为 s_{ij}，则可依此生成证据间冲突度矩阵

$$K' = \left[k'_{ij} \right] = \left[1 - s_{ij} \right]_{n \times n} = \begin{bmatrix} 0 & 1-s_{12} & \cdots & 1-s_{1n} \\ 1-s_{21} & 0 & \cdots & 1-s_{2n} \\ \vdots & \vdots & & \vdots \\ 1-s_{n1} & 1-s_{n2} & \cdots & 0 \end{bmatrix} \quad (4.8)$$

步骤2：证据分组。根据当前应用环境可设定冲突阈值 k'_{ef}，即设定同一证据组内的两条证据不允许超越的最大冲突程度。从冲突矩阵 K' 中找出非对角线元素中的最小值 $k'_{ef} = \min\{k'_{ij}\}$，则将证据 E_e 和 E_f 划分为同一证据组，记为 $G_1 = \{E_e, E_f\}$。重复该步骤将 G_1 更新至对于 $\forall E_a, E_b \in G_k$，满足 $\max\{k'_{ab}\} < K'$，则可得到完整的证据组 G_1。依此得到该证据系统的证据组集合 $\{G_1, G_2, \cdots, G_k\}$，对证据组 G_k 利用D-S合成规则进行数据融合，可得其基本概率分配函数 m_{G_k}。

步骤3：证据组折扣系数计算。不同的证据组中的证据数量与质量通常存在一定的差别，在此通过证据组的折扣系数来反映这种差异。在证据系统 $E_i = \{e_1, e_2, \cdots, e_n\}$ 之中，任意两条证据对应的基本概率分配函数 m_i 和 m_j 之间的相似度 s_{ij} 可通过余弦相似度计算获得，若两个证据之间的余弦相似度较高，则表明二者间的冲突程度较低，可认为它们相互支持的程度比较高，即该证据的可信性得到了另一证据的支持与证明，以此类推可计算出证据 e_i 受证据系统的支持程度，即被其他 $n-1$ 条证据支持的程度为：

$$v(e_i) = \sum_{j=1, j \neq i}^{n} s_{ij} \quad (4.9)$$

证据的被支持程度越高，则认为其可信度越高，即认为被支持程度最高的证据其可信度也最高。将证据 e_i 的支持程度与所有证据中被支持程度最高的证据相比，

可得到证据 e_i 的可信度为：

$$\sigma(e_i) = \frac{v(e_i)}{\max\limits_{i=1,2,\cdots,n} v(e_i)} \tag{4.10}$$

对于证据组 $\{G_1, G_2, \cdots, G_m\}$，若证据组 G_k 由证据 $\{e_1, e_2, \cdots, e_l\}$ 构成，则证据组 G_k 被支持程度为：

$$\sigma(G_k) = \frac{1}{l} \sum_{i=1}^{l} \sigma(e_k) \tag{4.11}$$

由此可得到证据组 G_k 的折扣系数。

步骤 4：基本概率分配函数修正。依据上述折扣系数计算结果，若证据组 G_k 的可信度越高，则认为该证据组在证据系统中的重要程度越高，因此以各证据组的可信度为权重对其进行修正，可得到各证据组修正后的基本概率分配函数为：

$$\begin{cases} m'_{G_k}(A_\gamma) = \sigma_k \times m_{G_k}(A_\gamma) \\ m'(\Phi) = 1 - \sum\limits_{\gamma=1}^{n} m'_{G_k}(A_\gamma) \end{cases} \tag{4.12}$$

4.3.2.2 证据合成

由于 D-S 合成规则在进行证据合成时全部抛弃了冲突信息，因此在高冲突信息合成时极易得出与实际相悖的结果[174]。国内外学者认识到该合成规则在处理冲突证据过程中的缺陷后对其进行了一系列改进，而这些改进的宗旨都是如何将证据之间的冲突信息进行合理分配，且主要聚焦于如何将冲突信息在识别框架内合理分配。借鉴上述分配思路，显然证据之间产生的冲突应由引起冲突的各焦元承担，并将冲突在这些焦元间进行细化分配，同时还应考虑到不同焦元值所承担的冲突分配比例应有所差异，焦元值越大所分配的冲突应越多[175]。依据上述思路，我们对 D-S 合成规则予以合理改进，将证据间的冲突重新进行分配 [参见式（4.13）第一行]，从而有效应对不同决策专家所给信息的模糊性与冲突性。

$$\begin{cases} m(A) = \sum\limits_{A_i \cap B_j = A} m'_{G_1}(A_i) m'_{G_2}(B_j) + \gamma(A_i) + \gamma(B_j) \\ \gamma(A_i) = \sum\limits_{A_i \cup B_j = \phi} \dfrac{m'_{G_1}(A_i)}{m'_{G_1}(A_i) + m'_{G_2}(B_j)} m'_{G_1}(A_i) m'_{G_2}(B_j) \\ \gamma(B_j) = \sum\limits_{A_i \cup B_j = \phi} \dfrac{m'_{G_1}(B_j)}{m'_{G_1}(A_i) + m'_{G_2}(B_j)} m'_{G_1}(A_i) m'_{G_2}(B_j) \\ m(\phi) = 0 \\ m(\Theta) = 1 - \sum m(A) \end{cases} \tag{4.13}$$

式（4.13）中，$\gamma(A_i)$和$\gamma(B_j)$分别为由焦元A引起的冲突按比例分配给焦元A_i和B_j的冲突信息。

以识别框架下$\Theta = \{\theta_1, \theta_2, \theta_3\}$两个独立证据体基本概率分配函数$m_1$、$m_2$为例，若设

$$m_1(\theta_1) = 0, \quad m_1(\theta_2) = 0.3, \quad m_1(\theta_3) = 0.7$$
$$m_2(\theta_1) = 0.7, \quad m_2(\theta_2) = 0.3, \quad m_2(\theta_3) = 0$$

则通过式（2.4）D-S合成规则，可得证据合成结果为：

$$m(\theta_1) = 0, \quad m(\theta_2) = 1, \quad m(\theta_3) = 0$$

此时，合成结果忽略了证据间存在的较强冲突，从而导致得出的结果明显与现实情况相违背。

通过式（2.10）、（2.11）Smets合成规则，可得证据合成结果为：

$$m(\theta_1) = 0, \quad m(\theta_2) = 0.09, \quad m(\theta_3) = 0, \quad m(\phi) = 0.91$$

该方法采用开放世界的思想，允许未知命题的存在，但在高冲突情况下将所有冲突都分配给未知ϕ，所得结果无参考价值。

通过式（2.12）、（2.13）Yager合成规则，可得证据合成结果为：

$$m(\theta_1) = 0, \quad m(\theta_2) = 0.09, \quad m(\theta_3) = 0, \quad m(\Theta) = 0.91$$

该方法采用全局冲突的思想来分配冲突，但将所有冲突分配给未知，使得其最终所得结果过于模糊，难以根据结果做出判断。

通过式（4.13）合成规则，可得证据合成结果为：

$$m(\theta_1) = 0.392, \quad m(\theta_2) = 0.216, \quad m(\theta_3) = 0.392$$

此时，改进后的合成规则充分考虑到了证据间存在冲突的现实，将证据间的冲突进行局部分配，得出的结果更符合实际情况。

通过上述分析可知，较之于传统D-S合成规则和部分改进的合成规则，本章的改进合成规则在冲突证据处理上表现得更佳，因此本章采用式（4.13）的合成规则对修正后的各组证据$\{G_1', G_2', \cdots, G_m'\}$进行数据融合是合理的。

4.3.2.3 考虑证据数量的合成结果修正

证据信息的合成是将不同的证据信息进行融合，从而得到一个受各条证据支持的合成结果。现有文献中对于证据理论的运用多为方案评价，而每个方案所对应的证据系统通常具备相同数量的证据，但并未考虑证据数量差异对最终方案评价的影响。而在本章的应用情景中，各专家作为独立的个体，不仅背景信息存在差异，而

且参与决策的经历也有所差异，且在对每位专家的信誉测度中，其证据系统间往往存在证据数量的差异。因此，本章在对证据质量进行BPA修正的同时，考虑证据数量差异性对每位专家信誉测度的影响，对其证据合成结果进行修正，以实现更合理、更准确的专家信誉测度。

在多源证据合成过程中，证据质量与证据数量往往对最终的合成结果均有较大的影响。证据质量代表证据的可靠性，若证据质量较低，则无法支持最终分析结果的正确性，因此需要结合前面证据冲突的概念，从证据冲突的角度出发对其进行BPA修正。证据数量决定了证据合成结果的可靠性，若该证据系统中证据数量越多，则可认为支持该结果的证据数量越多，且该结果相较于其他由较少证据合成的结果而言可靠性更高，而后者不确定性也相对较高。基于上述分析，本章改进思路主要如下。

对于候选专家集 $\{DM_1, DM_2, \cdots, DM_m\}$，由各专家信誉信息构建的证据集 $\{E_1, E_2, \cdots, E_m\}$ 中，专家 DM_i 的证据系统 $E_i = \{e_1, e_2, \cdots, e_{n_i}\}$ 共包含 n_i 条专家信誉信息。若设由 n_g 条证据组成的专家 DM_g 的证据系统 E_g 满足 $n_g = \max\{n_1, n_2, \cdots, n_m\}$，则可认为专家 DM_g 证据合成结果为专家集中可靠性最高的，即

$$r(DM_g) = \max\{r(DM_1), r(DM_2), \cdots, r(DM_m)\}$$

其中，$r(DM_i)$ 为专家 DM_i 证据合成结果的可靠程度，而其他专家证据合成结果的可靠性相较于专家 DM_g 均有所降低，因此初步设定折扣系数为证据数量与所有证据中最大值的比值。然而，考虑到证据数量间可能存在数量差异过大的情况，如专家 DM_1 的信誉测度信息受9条证据支持，而 DM_2 的受2条证据支持，此时修正系数若以简单数量比为折扣系数，则将 DM_2 合成结果的78%赋予未知，会导致信誉折扣量过大的情况出现。因此，本章基于专家组证据数量值的中位数 $n_{m/2}$ 设定分类阈值。

（1）当 $n_i \geq n_{m/2}$ 时，认定该证据系统证据充分、证据可靠性高，即将其合成结果中分配给未知的 $m(\Theta)$ 按比例折扣，并将折扣值归还为已知，折扣系数为：

$$\gamma_1(DM_i) = n_{m/2}/n_i \tag{4.14}$$

在此基础上，可将此类专家信誉测度结果修正为：

$$\left\{ \begin{array}{l} m'_{DM_i}(A_i) = mDM_i(A_i) \times \left[\dfrac{1 - m'(\Phi)}{1 - m(\Phi)} \right] \\ m'_{DM_i}(\Phi) = \gamma(DM_i) \times m(\Phi) \end{array} \right\} \tag{4.15}$$

（2）当 $n_i < n_{m/2}$ 时，认定该证据系统相对而言证据不够充分，则其证据可靠性也相对降低，相应的折扣系数为：

$$\gamma_2(DM_i) = (n_{m/2} - n_i)/n_i$$

在此基础上，可将此类专家信誉测度结果修正为：

$$\left\{ \begin{array}{l} m'_{DM_i}(A_i) = \gamma_2(DM_i) \times m_{DM_i}(A_i) \\ m'_{DM_i}(\Phi) = 1 - \sum_{i=1}^{n} m'_{DM_i}(A_i) \end{array} \right\} \qquad (4.16)$$

4.3.3 基于效用函数的信誉值转换

依据上述证据合成结果，可得到各个专家在识别框架上的综合评价概率分布信息，再结合评价标度的定义分值和数学期望的计算方法，便可将各个专家的综合评价信息转化为具体的期望效用值[160]。

在识别框架 $H = \{H_1, H_2, \cdots, H_N\}$ 上，令 $\mu(H_n)$ 为评价等级 H_n 的效用值，若 $H_{n+1} > H_n$，则有 $\mu(H_{n+1}) > \mu(H_n)$。若对专家 DM_i 的评价是完全的，则其信誉值可通过如下期望效用计算转化为：

$$R(DM_i) = \sum_{n=1}^{N} m'_{DM_i}(H_n) \times \mu(H_n) \qquad (4.17)$$

若对专家 DM_i 的评价是不完全的，则期望效用可使用下式进行比较〔假定 $\mu(H_{n+1}) > \mu(H_n)$〕：

$$R_{\max}(DM_i) = \sum_{n=1}^{N-1} m'_{DM_i}(A_n)\mu(H_n) + (m'_{DM_i}(A_N) + m'_{DM_i}(\Phi))\mu(H_N)$$

$$R_{\min}(DM_i) = (m'_{DM_i}(A_1) + m'_{DM_i}(\Phi))\mu(H_1) + \sum_{n=2}^{N} m'_{DM_i}(A_n)\mu(H_N) \qquad (4.18)$$

$$R_{\text{avg}}(DM_i) = (\mu_{\max}(DM_i) + \mu_{\min}(DM_i))/2$$

（1）当且仅当 $R_{\min}(DM_i) > R_{\max}(DM_j)$ 时，$DM_i > DM_j$；

（2）当且仅当 $R_{\min}(DM_i) = R_{\min}(DM_j)$ 且 $R_{\max}(DM_i) = R_{\max}(DM_j)$ 时，$DM_i \sim DM_j$；

（3）其他情况下，以平均效用 R_{avg} 来比较专家信誉。

4.3.4 考虑推荐行为的信誉值修正及终选集确定

在项目寻找评审专家的过程中，专家之间相互推荐的情形经常出现，一般情况下，推荐者在对被推荐者专业领域、个人品行完全了解的情况下经过慎重考虑才会进行专家推荐。但也不乏部分推荐者因人情关系或个人利益等因素推荐一些与项目专业领域不符或品行不端的决策专家，使得项目决策结果没有达到预期，这也是推荐者低信誉的一种表现。因此，本章充分考虑低信誉被推荐者对推荐者信誉的影响，以实现更加全面的专家信誉测度。

被推荐专家的信誉测度同样采用上节中的测度方法。推荐专家的信誉应与被推荐者的信誉成正比关系，然而考虑到推荐行为一般遵循自愿准则，并非所有专家都存在推荐行为，因此在信誉修正过程中仅考虑不良推荐行为对推荐者信誉的削弱作用。设专家DM_i共推荐过n位专家$\{DM_i^1, DM_i^2, \cdots, DM_i^n\}$参与不同决策活动，则专家$DM_i$的信誉值修正步骤如下所示。

步骤1：对被推荐专家集$\{DM_i^1, DM_i^2, \cdots, DM_i^n\}$评价资格进行审查。对被推荐专家$DM_i^k$是否出现过不良违规记录进行查询，若专家$DM_i^k$存在过不良行为记录，则认为专家$DM_i$的推荐行为有误，对专家$DM_i$信誉产生负面影响，直接输出专家$DM_i$信誉为0；否则转到步骤2。

步骤2：被推荐专家集$\{DM_i^1, DM_i^2, \cdots, DM_i^n\}$项目评审信誉测度。通过被推荐专家所推荐参与的项目对其做出的后评价信息，利用文献［172］提出的三角白化权函数将后评价信息转化为基本概率分配函数$m(DM_i^k)$，$k = 1, 2, \cdots, n$。

步骤3：信誉削减系数ε_i的计算。考虑到只有被推荐者信誉低的情况下才会对专家信誉产生负面影响，因此对被推荐专家信誉测度值隶属于识别框架$H = \{H_1, H_2, H_3, H_4, H_5\} = \{$很差, 较差, 中等, 较好, 很好$\}$中的$H_1$和$H_2$概率分配值进行效用转化，即对于专家$DM_i^k$，若$m(H_1) > 0$且$m(H_2) > 0$，则对专家信誉值有一定削减作用，在此情况下可依此构建被推荐专家组$\{DM_i^1, DM_i^2, \cdots, DM_i^n\}$对专家$DM_i$的信誉削弱系数$\varepsilon_i$：

$$\varepsilon_i = \exp\left(-\sum_{j=1}^{n}(\mu(H_1)m(H_1) + \mu(H_2)m(H_2))\right) \qquad (4.19)$$

步骤4：修正后的专家信誉值计算。专家DM_i修正后的信誉值计算表达式如下：

$$R(DM_i)' = \varepsilon_i \times R(DM_i) \qquad (4.20)$$

依据指数函数性质可知，ε_i数值越大，对$R(DM_i)'$的削弱作用越强，即被推荐专家信誉越差，会导致专家DM_i的信誉值越低，符合构建原则。

最后，考虑到专家信誉并非通过与其他专家进行对比来衡量其信誉高低，各专家信誉测度值隶属于同一标度，应设定合理阈值来剔除信誉较低的专家，即

$$R(DM_i)' \geqslant \psi$$

其中，ψ 为设定的阈值。若专家信誉值低于该阈值，则认为专家信誉较低，不应选择此类专家参与决策。

4.3.5 算例分析

建筑型企业 A 公司通过公开竞标承接了 B 市的大型商场施工建设项目，为提高建筑施工过程中的安全管理水平，有效减少建筑安全事故的发生，亟须结合该建设项目对可能导致建筑安全事故发生的风险因素进行系统分析，从而为项目安全管理人员采取相关针对性措施、科学预防建筑安全事故的发生提供重要决策参考。

运用上述方法，在依据候选集构建原则与方法得到专家候选集后，以其中五位专家 DM_1, DM_2, DM_3, DM_4, DM_5 为例，对其展开专家信誉测度，以此判断五位专家是否满足遴选要求。

首先，对各专家进行资格审查，确定是否将其剔出专家候选集。通过对五位专家的信息进行审核得出各专家均不存在违规记录，之后，依据五位专家历史参与活动反馈的信誉评价信息对其展开信誉测度。

结合各专家信誉测度结果，汇总得到如表 4.3 所示的五位专家信誉测度信息。

表 4.3　专家信誉测度信息

	项目数量	信誉评估结果
DM_1	6	$\{7.37, 8.74, 7.58, 9.11, 6.98, 8.86\}$
DM_2	3	$\{9.21, 8.98, 9.01\}$
DM_3	4	$\{8.49, 8.83, 9.76, 8.79\}$
DM_4	5	$\{8.50, 7.79, 8.08, 8.01, 8.78\}$
DM_5	3	$\{9.33, 9.06, 9.15\}$

以专家 DM_1 为例，对其近期参加的 6 次决策活动评分，通过白化权函数将评分结果转化为识别框架 $H = \{H_1, H_2, H_3, H_4, H_5\} = \{$ 很差, 较差, 中等, 较好, 很好 $\}$ 上的基本概率分配函数，其评审信誉基本概率分配结果参见表 4.4。

表4.4　专家DM_1评审信誉基本概率分配

项目序号	H_1	H_2	H_3	H_4	H_5
项目1	0	0	0.32	0.68	0
项目2	0	0	0	0.63	0.37
项目3	0	0	0.21	0.79	0
项目4	0	0	0	0.45	0.55
项目5	0	0	0.51	0.49	0
项目6	0	0	0	0.57	0.43

通过证据间相似度计算可得证据间相似矩阵与冲突矩阵：

$$s=[s_{ij}]=\begin{bmatrix} 1 & 0.78 & 0.98 & 0.57 & 0.93 & 0.72 \\ 0.78 & 1 & 0.83 & 0.94 & 0.59 & 0.99 \\ 0.98 & 0.83 & 1 & 0.60 & 0.85 & 0.77 \\ 0.57 & 0.94 & 0.60 & 1 & 0.43 & 0.97 \\ 0.93 & 0.59 & 0.85 & 0.43 & 1 & 0.55 \\ 0.72 & 0.99 & 0.77 & 0.97 & 0.55 & 1 \end{bmatrix}$$

$$K'=[k'_{ij}]=\begin{bmatrix} 0 & 0.22 & 0.02 & 0.43 & 0.07 & 0.28 \\ 0.22 & 0 & 0.17 & 0.06 & 0.41 & 0.01 \\ 0.02 & 0.17 & 0 & 0.40 & 0.15 & 0.23 \\ 0.43 & 0.06 & 0.40 & 0 & 0.57 & 0.03 \\ 0.07 & 0.41 & 0.15 & 0.57 & 0 & 0.45 \\ 0.28 & 0.01 & 0.23 & 0.03 & 0.45 & 0 \end{bmatrix}$$

令冲突阈值$K'_t=0.4$，由此可将上述5条证据划分为两组G_1和G_2，其中$G_1=\{e_1,e_3,e_5\}$，$G_2=\{e_2,e_4,e_6\}$，将两组证据分别利用D-S合成规则进行数据融合，得到：

$$m_{G_1}=(0,0,0.11,0.89,0)$$
$$m_{G_2}=(0,0,0,0.65,0.35)$$

结合式（4.8）～（4.11）计算出$\sigma(G_1)=0.91$，$\sigma(G_2)=0.98$，对m_{G_1}，m_{G_2}修正后，再通过式（4.13）进行数据融合，可得到专家DM_1信誉基本概率分配函数$m_{R_1}=(0,0,0.12,0.78,0.11,0.09)$。同理，可得出其他四位专家信誉测度结果，具体参见表4.5。

表4.5　专家信誉基本概率分配函数

专家集	H_1	H_2	H_3	H_4	H_5	Θ
DM_2	0	0	0	0.40	0.60	0
DM_3	0	0	0	0.68	0.23	0.09
DM_4	0	0	0	0.71	0.26	0.03
DM_5	0	0	0	0.08	0.92	0

结合上述证据合成结果，利用式（4.14）～（4.16）基于证据数量对其进行修正后的结果为：

$$m_{R_1} = (0,\ 0,\ 0.02,\ 0.81,\ 0.12,\ 0.05)$$

$$m_{R_2} = (0,\ 0,\ 0,\ 0.25,\ 0.38,\ 0.37)$$

$$m_{R_3} = (0,\ 0,\ 0,\ 0.68,\ 0.23,\ 0.09)$$

$$m_{R_4} = (0,\ 0,\ 0,\ 0.69,\ 0.22,\ 0.09)$$

$$m_{R_5} = (0,\ 0,\ 0,\ 0.05,\ 0.78,\ 0.17)$$

令识别框架中 $H = \{H_1,\ H_2,\ H_3,\ H_4,\ H_5\}$ 对应的效用值分别为 $\{0,\ 0.25,\ 0.5,\ 0.75,\ 1\}$，依据期望效用函数结合式（4.17）、（4.18）求解各专家综合信誉值，在不完全评价情形下通过 $R_{avg}(DM_i)$ 来计算其综合信誉值，得出五位专家初始综合信誉值的集合为 $\{0.76,\ 0.75,\ 0.78,\ 0.79,\ 0.88\}$。

在专家信誉值修正计算中，专家 DM_2 曾推荐过三位专家分别参与了三次其他项目的评价活动，而专家 DM_3 推荐过一位专家参与了一次其他项目的评价活动。记专家 DM_2 推荐的专家集为 $\{DM_2^1,\ DM_2^2,\ DM_2^3\}$，专家 DM_3 推荐的专家集为 $\{DM_3^1\}$。依据4.3.2.1步骤二，计算得出专家集 $\{DM_2^1,\ DM_2^2,\ DM_2^3,\ DM_3^1\}$ 信誉基本概率分配函数如表4.6所示。

表4.6　专家信誉基本概率分配函数

专家集	H_1	H_2	H_3	H_4	H_5
DM_2^1	0	0	0	0.31	0.69
DM_2^2	0	0	0.17	0.83	0
DM_2^3	0	0	0	0.52	0.48
DM_3^1	0	0.16	0.84	0	0

接着，按照式（4.19）可计算出各个被推荐专家对专家DM_2和DM_3的信誉削弱系数：

$$\varepsilon_2 = \exp\left(-\sum_{j=1}^{3}\left(\mu'(H_1)m_{DM_2'}(H_1) + \mu'(H_2)m_{DM_2'}(H_2)\right)\right)$$
$$= \exp(-(1\times0 + 0.75\times0 + 1\times0 + 0.75\times0 + 1\times0 + 0.75\times0))$$
$$= e^0 = 1$$
$$\varepsilon_3 = \exp(-1\times0 + 0.75\times0.16) = e^{-0.12} = 0.89$$

在此基础上，对专家DM_2和DM_3的信誉进行修正：

$$R(DM_2)' = \varepsilon_2 \times R(DM_2) = e^0 \times 0.75 = 0.75$$
$$R(DM_3)' = \varepsilon_3 \times R(DM_3) = e^{-0.12} \times 0.78 = 0.68$$

最后，汇总得出专家$\{DM_1, DM_2, DM_3, DM_4, DM_5\}$的信誉测度值为：
$$\{0.76, 0.75, 0.68, 0.79, 0.88\}$$

由效用函数分布可知专家信誉隶属于"较高"和"很高"的信誉值范围为$[0.75, 1]$，因此本章取0.75为阈值，遴选高于该阈值的专家组成最终邀请的专家集，即上述五位专家中，遴选$\{DM_1, DM_2, DM_4, DM_5\}$参与决策。

4.4 本章小结

本章聚焦于复杂系统DEMATEL专家遴选模型的构建，通过给出具体的专家遴选步骤，设计了一套完整的专家遴选流程，旨在确保专家团队能够在复杂系统决策分析中提供精准、可靠的专业判断。

在模型构建思路部分，明确应以解决复杂系统决策中专家遴选的关键痛点为导向，综合考虑多维度因素来构建模型的整体框架与逻辑脉络，从而为后续具体遴选步骤的实施奠定坚实的理论与方法基础。

基于领域契合的专家初步遴选环节，创新性地提出DEMATEL决策问题领域标签和特征向量构建方法以及DEMATEL专家知识图谱和特征向量构建方法，通过精确地测算领域契合度，初步筛选出与决策问题在专业知识领域高度匹配的专家群体。算例分析进一步验证了该方法在实际应用中的可操作性，展示了其能够依据客观数据量化专家与决策问题的领域关联程度，有效避免了传统遴选方式的主观随意性对决策结果的影响。

　　基于信誉测度的专家最终遴选过程更为科学合理，主要体现在以下几点：首先，依据严格的行为规范对专家进行资格审查，从基本素养层面把控专家质量；接着，运用证据理论计算专家信誉测度，将多源信息进行有效融合，科学地评估专家的信誉水平；然后，借助效用函数将信誉测度转化为便于比较与决策的效用值，清晰地呈现专家在不同评价维度下的价值贡献。特别地，考虑推荐行为对专家信誉值的修正，充分纳入了专家社交网络中的口碑与影响力因素，使最终确定的专家集合更具可信度。最后，通过算例分析直观地展示了整个信誉测度的计算与修正过程，凸显了该方法在处理复杂人际关系与多源评价信息时的优势性与准确性。

　　综上所述，本章构建的复杂系统 DEMATEL 专家遴选模型从领域契合度与信誉测度两个关键维度出发，通过严谨的专家遴选方法步骤，实现了专家遴选过程的精细化、系统化与科学化。这一模型不仅为复杂系统决策中的专家遴选提供了一种相对有效的解决方案，同时也为后续进一步研究群组 DEMATEL 方法奠定了专家科学遴选的基础，有望在众多涉及复杂系统分析与决策的领域得到广泛应用与推广，从而显著提升决策的质量与效果。

第5章 同类标度和差异粒度下的混合式群组 DEMATEL决策方法

本章主要研究同类标度和差异粒度下的混合式群组DEMATEL决策方法。内容安排如下：第一节给出同类标度和差异粒度下的混合式群组专家信息表达；第二节给出方法构建过程中所需的预备知识；第三节至第五节分别给出同类标度和差异粒度下的混合式群组DEMATEL决策方法的构建思路、方法实现步骤及算例应用分析；第六节为本章小结。

5.1 同类标度和差异粒度下的混合式群组专家信息表达

复杂系统通常由许多相互依赖和相互作用的因素构成，这些因素之间的关系往往难以直观地理解和量化。DEMATEL方法在处理复杂系统问题时依赖于专家的知识和经验对系统因素间的影响关系进行评估，但是传统DEMATEL方法假设专家可根据既定规则给出判断，对专家自身知识精度与给定评价粒度是否匹配以及给定评价粒度是否能恰当描述复杂系统问题缺乏相应的考虑。针对以上缺陷，本章研究了同类标度和差异粒度下的混合式群组专家信息表达，为在此情境下的群组DEMATEL方法实现提供创新解决方案。

首先，本章将概率犹豫模糊语言术语集（probability-hesitant fuzzy linguistic term sets，PHFLTS）引入群组DEMATEL方法中，并借鉴语言层级方法的思想，定义了差异粒度概率犹豫模糊语言术语转化函数，实现了群组专家语言粒度的统一；然后，本章定义了带有隶属度的概率犹豫模糊语言术语的得分函数，将群组专家判断转化为传统群组DEMATEL方法可处理的数据形式；最后，本章通过算例分析验证了该方法的可行性，并通过方法对比进一步验证了该方法的相对优越性。

5.2　预备知识

5.2.1　同类标度和差异粒度

评价标度是一种用于衡量个体态度、感觉、价值观、认知和行为倾向的量表或工具，可以帮助研究者收集关于个体或群体对特定主题或对象的看法和感受的定性和定量数据。其具备以下特征：顺序性（可按一定顺序排列）、间隔性（相邻评价标度间有差异）、可比性（可基于标度的性质与规则对评价结果进行比较分析）、参照性（部分评价标度包含一个绝对零点，表示缺乏某种性质或特征）、可操作性（能够准确地表达使用者的观点和态度）。基于上述认知，下面给出 DEMATEL 评价标度的定义，具体如定义 5.1 所示。

定义 5.1[90]：DEMATEL 评价标度是将定性语言转化为定量数据的工具，包含定性语言术语集和定性语言对应的数学表达方式。例如，比较具有代表性的 DEMATEL 评价标度有非负整数、TFNs、HFNs、INs 等。

定义 5.2：DEMATEL 评价粒度。设 $S = \{s_0, s_1, \cdots, s_\gamma\}$ 为语言术语集，$\gamma + 1$ 为语言术语集 S 中语言术语的个数，即语言术语集 S 的评价粒度。例如，评价粒度为 5 的语言术语集可以表示为 $S = \{s_0$: 无影响, s_1: 影响小, s_2: 影响一般, s_3: 影响大, s_4: 影响极大$\}$。

DEMATEL 评价粒度函数具有以下性质：

（1）有序性：$S_u \geqslant S_v \Leftrightarrow u \geqslant v$；

（2）可逆性：$\mathrm{Rec}(s_v) = s_{\gamma - v}$。

Herrera 等[48]认为专家根据自身专业背景、知识能力评价时，选择的语言术语集中具有或多或少的语言术语，语言术语集中语言术语的个数即为评价粒度，当不同的专家对同一问题具有不同的知识经验时，会选择不同粒度的语言术语集，即差异粒度的评价。群组 DEMATEL 方法邀请专家可采用同类评价标度和差异评价粒度对系统因素间的影响关系进行判断，即同类标度和差异粒度下的混合式信息表达。

5.2.2　差异粒度概率犹豫模糊语言术语转换函数

由于专家信息表达存在不确定性和模糊性，因此现有研究通过引入模糊集代替精确数来刻画专家的初始表达信息，而犹豫模糊集的引入更好地描述了专家判断时在几个可能的语言术语间犹豫的心理，允许专家将几个可能的语言术语全部作为评估信息，但是考虑每个语言术语的重要度不同，由此引入概率信息来更全面和准确地表达专家的初始信息，即PHFLTS[176]。下面对DEMATEL方法中的PHFLTS进行定义，具体如定义5.3所示。

定义5.3[177]：概率犹豫模糊语言术语集。设$S = \{S_0, S_1, \cdots, S_\gamma\}$为一个语言术语集，则$S$上的概率犹豫模糊语言术语集$h_s$为$S$中有限个带有概率的连续语言术语所构成的集合：$h_s = \{(s_{\varphi_t}, p_{\varphi_t}) \mid s_{\varphi_t} \in s, t = 1, 2, \cdots, L(h_s)\}$，其中，$\sum_{t=1}^{L(h_s)} p_{\varphi_t} = 1$，$L(h_s)$是$h_s$中语言术语的个数。其中，$p_{\varphi_t}$由专家给出。例如，若语言术语集$S = \{s_0$：无影响，$s_1$：影响小，$s_2$：影响中等，$s_3$：影响大，$s_4$：影响极大$\}$，则$S$上的概率犹豫模糊语言术语集可以为：$h_s^1 = \{(s_0, 0.3), (s_1, 0.7)\}$，$h_s^2 = \{(s_2, 0.2), (s_3, 0.6), (s_4, 0.2)\}$。其中，在概率犹豫模糊DEMATAEL方法中，$h_s^1$表示专家认为因素间影响强度有0.3的可能为无影响，0.7的可能为影响小。

基于Chen等[91]给出的任意两个不同粒度语言术语间的转化函数，下面给出差异粒度概率犹豫语言术语间的转化函数的具体定义。

定义5.4：两个不同粒度的语言术语集分别为$S^{\gamma'+1} = \{s_0^{\gamma'+1}, s_1^{\gamma'+1}, \cdots, s_\gamma^{\gamma'+1}\}$，$S^{\gamma''+1} = \{s_0^{\gamma''+1}, s_1^{\gamma''+1}, \cdots, s_\gamma^{\gamma''+1}\}$，$\gamma'' \neq \gamma'$，$S^{\gamma'+1}$上所有概率犹豫模糊语言术语集的集合为$h_s^{\gamma'+1} = \{(s_b^{\gamma'+1}, p_b^{\gamma'+1}), (s_{b+1}^{\gamma'+1}, p_{b+1}^{\gamma'+1}), \cdots, (s_{b+d}^{\gamma'+1}, p_{b+d}^{\gamma'+1}) \mid \forall s_{b+d}^{\gamma'+1} \in S^{\gamma'+1}\}$，差异粒度概率犹豫模糊语言信息转换函数定义如下：

$$F(\{(s_b^{\gamma'+1}, p_b^{\gamma'+1}), (s_{b+1}^{\gamma'+1}, p_{b+1}^{\gamma'+1}), \cdots, (s_{b+d}^{\gamma'+1}, p_{b+d}^{\gamma'+1})\})$$
$$= \{s_j^{\gamma''+1}, p_j^{\gamma''+1}, \mu_{\{b, b+1, \cdots, b+d\}, j}(x)\} \tag{5.1}$$

其中，$j \in \{0, 1, \cdots, \gamma''+1\}$，$\forall \{(s_b^{\gamma'+1}, p_b^{\gamma'+1}), (s_{b+1}^{\gamma'+1}, p_{b+1}^{\gamma'+1}), \cdots, (s_{b+d}^{\gamma'+1}, p_{b+d}^{\gamma'+1})\} \in h_s^{\gamma'+1}$。

$$p_j^{\gamma''+1} = p_b^{\gamma'+1}/\lambda \tag{5.2}$$

式（5.2）中，λ为$h_s^{\gamma'+1}$中的某个概率犹豫模糊语言术语$(s_b^{\gamma'+1}, p_b^{\gamma'+1})$转化为$h_s^{\gamma''+1}$中概率犹豫模糊语言术语的个数。

$$\mu_{\{b,\,b+1,\,\cdots,\,b+d\},\,j}(x) = \begin{cases} 1 & j_{\min} < j < j_{\max} \\[2mm] \left(\dfrac{j+1}{\gamma''+1} - \dfrac{b}{\gamma'+1}\right)(\gamma''+1) & j = j_{\min} \\[3mm] \left(\dfrac{b+d+1}{\gamma'+1} - \dfrac{j}{\gamma''+1}\right)(\gamma''+1) & j = j_{\max} \\[3mm] \dfrac{(b+1)(\gamma''+1)}{\gamma'+1} & j = j_{\min} = j_{\max} \\[3mm] 0 & \text{其他} \end{cases} \tag{5.3}$$

其中，b 和 $b+d$ 分别为 $h_s^{\gamma+1}$ 中第一个语言术语和最后一个语言术语的下标，$j_{\min}$ 和 $j_{\max}$ 分别为 $\{(s_b^{\gamma+1}, p_b^{\gamma+1}), (s_{b+1}^{\gamma+1}, p_{b+1}^{\gamma+1}), \cdots, (s_{b+d}^{\gamma+1}, p_{b+d}^{\gamma+1}) \mid \forall s_{b+d}^{\gamma+1} \in S^{\gamma+1}\}$ 的语义与 $S^{\gamma+1}$ 中语言术语的语义重叠部分的第一个和最后一个语言术语的下标。

$$\frac{j_{\min}}{\gamma''+1} \leqslant \frac{b}{\gamma'+1} \leqslant \frac{j_{\min}+1}{\gamma''+1} \tag{5.4}$$

$$\frac{j_{\max}}{\gamma''+1} \leqslant \frac{b+d+1}{\gamma'+1} \leqslant \frac{j_{\max}+1}{\gamma''+1} \tag{5.5}$$

5.2.3　得分函数

PHFLTS得分函数用于量化PHFLTS中的模糊语言术语，通过得分函数可以将概率模糊语言术语转换为具体的数值，从而使得不同的PHFLTS可以进行比较和排序。本章在已有研究基础上给出了带有隶属度的概率犹豫模糊语言术语集得分函数，如定义5.5所示。

定义5.5[178]：语言术语集 $S^{\gamma+1} = \{s_0^{\gamma+1}, s_1^{\gamma+1}, \cdots, s_\gamma^{\gamma+1}\}$，$S^{\gamma+1}$ 上所有概率犹豫模糊语言术语集的集合为 $h_s^{\gamma+1} = \{(s_b^{\gamma+1}, p_b), (s_{b+1}^{\gamma+1}, p_{b+1}), \cdots, (s_{b+d}^{\gamma+1}, p_{b+d}) \mid \forall s_{b+d}^{\gamma+1} \in S^{\gamma+1}\}$，其中 b 和 $b+d$ 分别为 $h_s^{\gamma+1}$ 中的第一个语言术语和最后一个语言术语的下标。

$\hat{h}_s^{\gamma+1}$ 为 $h_s^{\gamma+1}$ 所对应的带有隶属度的概率犹豫模糊语言术语集的集合：

$$\hat{h}_s^{\gamma+1} = \{((s_b^{\gamma+1}), (p_b), (\mu_b(x))), \cdots, ((s_{b+d}^{\gamma+1}), (p_{b+d}), (\mu_{b+d}(x)))\} \tag{5.6}$$

其中，$b, b+d \in 0, 1, \cdots, \gamma$。$\hat{h}_s^{\gamma+1}$ 相应得分函数 FS 为：

$$FS = p_b \times (b + \mu_b(x)) + \cdots + p_{b+d} \times ((b+d) + \mu_{b+d}(x)) \tag{5.7}$$

5.3　方法构建思路

问题描述：群组专家 $E = \{e_1, e_2, \cdots, e_m\}$ 对现有复杂系统因素集 $Q = \{q_1, q_2, \cdots, q_n\}$ 中的因素之间直接影响关系进行判断并给出同类标度和差异粒度下的混合式群组信息。对此有以下具体问题：（1）如何描述同类标度和差异粒度下的群组判断信息？（2）在群组专家差异粒度表征的情境下，如何实现评价数据信息反映的内涵一致？（3）在实现数据信息反映的内涵一致的基础上，如何将现有数据有效映射为 DEMATEL 群组决策所需的直接影响矩阵？对于上述问题，主要解决思路如下。

考虑到专家因其自身知识水平不同，评价时可能出现在多个语言术语间犹豫的情境，对此 Rodriguez 等 [179] 提出了犹豫模糊语言术语，允许专家使用多个语言术语进行评价。在现实评价中，专家可能对多个犹豫的语言术语存在偏好差异，即每个语言术语的重要程度不同。然而，犹豫模糊语言术语集认为专家对每个语言术语的偏好完全一致，这导致犹豫模糊语言术语集存在一定程度的信息损失。为弥补这一缺陷，专家学者围绕概率犹豫模糊语言术语集已开展了大量的研究。当采用概率犹豫模糊语言术语集描述专家判断信息时，在考虑到专家犹豫心理的基础上，可同时兼顾信息的全面性和准确性，因此本章以概率犹豫模糊语言术语集作为群组专家的评价标度。另外，考虑到专家自身知识、经验、能力以及个人偏好与给定评价粒度不匹配的决策情境，本章允许专家在 PHFLTS 评价标度下自由选择评价粒度。

对于差异粒度的转化，Herrera 等 [48] 最先提出了语言层级方法，并运用该方法实现了由粒度小的语言术语向粒度大的语言术语的转化。Chen 等 [91] 则在 Herrera 的研究基础上引入了隶属度的概念，实现了任意两个粒度间语言术语的相互转化，并验证了该方法不存在信息损失。然而，Chen 等提出的方法框架局限于专家使用单一语言术语进行判断的决策场景，因而在应用范围上存在显著的局限性；同时，该方法未考虑隶属度函数的概率分布特征，导致决策过程中的信息完整性受损。为克服上述缺陷，本章提出差异粒度下概率犹豫模糊语言术语集转化函数，如式（5.1）至式（5.3）所示，在不损失专家判断信息的前提下，实现专家评价粒度的统一和数量内涵的统一。

在以上分析过程中，专家直接判断矩阵需转化为同一粒度下的概率犹豫模糊语言术语矩阵，而传统 DEMATEL 方法中的群组直接影响矩阵一般以数值的形式呈现，因此需将带有隶属度的概率犹豫模糊语言术语转化为传统群组DEMATEL方法可处理的具体数值。考虑到得分函数能够实现模糊元素与精确数之间的映射，可以借此提高模糊系统的建模精度和预测能力，本章在已有研究的基础上，综合考虑不确定判断情境下专家偏好表达的概率信息和隶属度，提出概率犹豫模糊语言术语集的得分函数，以实现由概率犹豫模糊语言术语到精确数的转化。

根据以上分析，汇总得到同类标度和差异粒度下的混合式群组DEMATEL方法思路，如图5.1所示。

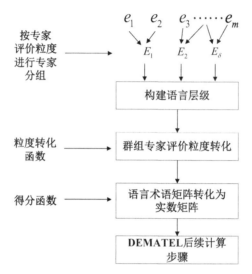

图5.1 同类标度和差异粒度下的混合式群组
DEMATEL方法思路

5.4 方法实现步骤

在上述思路的基础上，本节给出同类标度和差异粒度下的混合式群组DEMATEL实现方法，具体步骤如下：

步骤1：根据专家评分粒度对专家进行分组。邀请群组专家 $E = \{e_1, e_2, \cdots, e_m\}$ 根据自身知识经验，采用差异粒度概率犹豫模糊语言术语分别对系统因素 $Q = \{q_1, q_2, \cdots, q_n\}$ 相互影响关系做出评价并给出直接影响矩阵 $X^k = [x_{uv}^k]_{n \times n}$，其中 e_k 表示第 k 个专家。为方便研究，本章假设群组专家采用 δ 种评价粒度，并根据评价粒度将群组专家分为 δ 个不相交子集 E_t，对应评价粒度分别为 $\gamma^t + 1$，$t = 1, 2, \cdots, \delta$。$E_1 =$

$\{e_1, e_2, \cdots, e_{m1}\}$，$E_2 = \{e_{m1+1}, e_{m1+2}, \cdots, e_{m2}\}$，$\cdots$，$E_\delta = \{e_{m\delta+1}, e_{m\delta+2}, \cdots, e_m\}$，其中，$1 \leqslant m_1 \leqslant m_2 \leqslant \cdots \leqslant m$。

步骤2：根据专家评价粒度 $\gamma^t + 1$ 及专家分组 $E_t (t = 1, 2, \cdots, \delta)$，构建相应的语言层级，如图5.2所示。

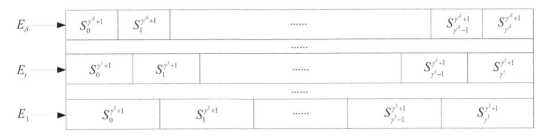

图5.2 语言层级图

步骤3：群组专家评价粒度转化。根据式（5.1）至式（5.3）将差异粒度下的概率犹豫模糊直接影响矩阵 $X^k = [x_{uv}^k]_{n \times n}$ 转化为同一粒度下的概率犹豫模糊矩阵 $X'^k = [x_{uv}'^k]_{n \times n}$。

步骤4：计算得分函数。根据式（5.7）计算 $X'^k = [x_{uv}'^k]_{n \times n}$ 的得分情况，将其转化为实数矩阵 $X''^k = [x_{uv}''^k]_{n \times n}$。

步骤5：计算群组直接影响矩阵 $X^G = [x_{uv}^g]_{n \times n} = \left[\sum_{k=1}^{m} (x_{uv}''^k / m) \right]_{n \times n}$，并按照群组 DEMATEL方法后续步骤进行分析。

5.5　算例分析

某公司主营业务为开发太阳能、风能、水能等可再生能源的存储技术，致力于推动清洁能源产业的发展。但是，近年来该企业管理者意识到企业内部创新能力不足，导致产品开发周期延长、创新效率降低、市场占有率下降。为了改善公司的内部创新能力，管理团队决定通过DEMATEL方法来识别影响创新能力的关键因素，共邀请了5位该领域内的专家（$e_1, e_2, \cdots, e_5$）就企业内部创新管理进行讨论，并初步确定了4个影响因素：技术人员素质（q_1）、组织创新文化（q_2）、资源投入（q_3）、市场需求（q_4）。5位专家以概率犹豫模糊语言为评价标度，并通过灵活选择评价粒度对因素间的影响关系做出判断。

首先，群组专家根据其知识精度灵活选择了不同评价粒度，具体如下：专家 $e_1 \sim e_2 \in E_1$ 选用评价粒度 $\gamma + 1 = 5$，专家 $e_3 \sim e_4 \in E_2$ 选用评价粒度 $\gamma + 1 = 7$，专家 $e_5 \in E_3$ 选用评价粒度 $\gamma + 1 = 9$。然后，群组专家分别判断系统因素间的直接影响关系，构建出如下相应的直接影响矩阵 $X^k (k = 1, 2, \cdots, 5)$。

$$X^1 = \begin{bmatrix} 0 & (s_2^5, 0.5), (s_3^5, 0.5) & (s_2^5, 1) & (s_0^5, 1) \\ (s_3^5, 0.7), (s_4^5, 0.3) & 0 & (s_3^5, 1) & (s_0^5, 0.5), (s_1^5, 0.5) \\ (s_4^5, 1) & (s_3^5, 1) & 0 & (s_0^5, 0.6), (s_1^5, 0.4) \\ (s_3^5, 0.6), (s_4^5, 0.4) & (s_4^5, 1) & (s_3^5, 0.4), (s_4^5, 0.6) & 0 \end{bmatrix}$$

$$X^2 = \begin{bmatrix} 0 & (s_3^5, 1) & (s_1^5, 0.3), (s_2^5, 0.7) & (s_0^5, 1) \\ (s_4^5, 1) & 0 & (s_3^5, 1) & (s_0^5, 0.5), (s_1^5, 0.5) \\ (s_4^5, 1) & (s_2^5, 0.2), (s_3^5, 0.8) & 0 & (s_0^5, 1) \\ (s_3^5, 0.6), (s_4^5, 0.4) & (s_4^5, 1) & (s_3^5, 1) & 0 \end{bmatrix}$$

$$X^3 = \begin{bmatrix} 0 & (s_3^7, 0.5), (s_4^7, 0.5) & (s_2^7, 0.3), (s_3^7, 0.7) & (s_0^7, 1) \\ (s_4^7, 0.7), (s_5^7, 0.3) & 0 & (s_4^7, 1) & (s_0^7, 0.5), (s_1^7, 0.5) \\ (s_6^7, 1) & (s_3^7, 0.2), (s_4^7, 0.8) & 0 & (s_0^7, 0.6), (s_1^7, 0.4) \\ (s_5^7, 0.6), (s_6^7, 0.4) & (s_5^7, 1) & (s_4^7, 0.4), (s_5^7, 0.6) & 0 \end{bmatrix}$$

$$X^4 = \begin{bmatrix} 0 & (s_4^7, 1) & (s_2^7, 0.3), (s_3^7, 0.7) & (s_0^7, 1) \\ (s_4^7, 0.6), (s_5^7, 0.5) & 0 & (s_5^7, 1) & (s_0^7, 0.5), (s_1^7, 0.5) \\ (s_5^7, 1) & (s_3^7, 0.3), (s_4^7, 0.7) & 0 & (s_1^7, 1) \\ (s_5^7, 0.2), (s_6^7, 0.8) & (s_5^7, 1) & (s_5^7, 0.4), (s_6^7, 0.6) & 0 \end{bmatrix}$$

$$X^5 = \begin{bmatrix} 0 & (s_7^9, 1) & (s_2^9, 0.3), (s_3^9, 0.7) & (s_0^9, 1) \\ (s_5^9, 0.7), (s_6^9, 0.3) & 0 & (s_5^9, 1) & (s_2^9, 1) \\ (s_4^9, 1) & (s_6^9, 0.2), (s_7^9, 0.8) & 0 & (s_1^9, 0.5), (s_2^9, 0.5) \\ (s_7^9, 1) & (s_8^9, 1) & (s_7^9, 0.6), (s_8^9, 0.4) & 0 \end{bmatrix}$$

根据步骤3，将专家直接打分矩阵中的多种粒度概率犹豫模糊语言术语转化为粒度为7的概率犹豫模糊语言术语。以 X^1 为例，转化结果如表5.1所示。

表5.1　专家e_1转化后的概率犹豫模糊直接影响关系矩阵

X'^1	粒度为7的概率犹豫模糊语言术语
x'^1_{11}	0
x'^1_{12}	$((s^7_2, 0.5/3, 1/5), (s^7_3, 0.5/3, 1), (s^7_4, 0.5/3, 1/5)), ((s^7_4, 0.5/2, 4/5), (s^7_5, 0.5/2, 3/5))$
x'^1_{13}	$((s^7_2, 1/3, 1/5), (s^7_3, 1/3, 1), (s^7_4, 1/3, 1/5))$
x'^1_{14}	$((s^7_0, 1/2, 1), (s^7_1, 1/2, 2/5))$
x'^1_{21}	$((s^7_4, 0.7/2, 4/5), (s^7_5, 0.7/2, 3/5)), ((s^7_5, 0.3/2, 2/5), (s^7_6, 0.3/2, 1))$
x'^1_{22}	0
x'^1_{23}	$((s^7_4, 1/2, 4/5), (s^7_5, 1/2, 3/5))$
x'^1_{24}	$((s^7_0, 0.5/2, 1), (s^7_1, 0.5/2, 2/5)), ((s^7_1, 0.5/2, 3/5), (s^7_2, 0.5/2, 4/5))$
x'^1_{31}	$((s^7_5, 1/2, 2/5), (s^7_6, 1/2, 1))$
x'^1_{32}	$((s^7_4, 1/2, 4/5), (s^7_5, 1/2, 3/5))$
x'^1_{33}	0
x'^1_{34}	$((s^7_0, 0.6/2, 1), (s^7_1, 0.6/2, 2/5)), ((s^7_1, 0.4/2, 3/5), (s^7_2, 0.4/2, 4/5))$
x'^1_{41}	$((s^7_4, 0.6/2, 4/5), (s^7_5, 0.6/2, 3/5), (s^7_5, 0.4/2, 2/5), (s^7_6, 0.4/2, 1))$
x'^1_{42}	$((s^7_5, 1/2, 2/5), (s^7_6, 1/2, 1))$
x'^1_{43}	$((s^7_4, 0.4/2, 4/5), (s^7_5, 0.4/2, 3/5)), ((s^7_5, 0.6/2, 2/5), (s^7_6, 0.6/2, 1))$
x'^1_{44}	0

根据步骤4，将概率犹豫模糊矩阵转化为实数矩阵，结果如下：

$$X^1 = \begin{bmatrix} 0.00 & 4.33 & 3.47 & 1.20 \\ 3.94 & 0.00 & 5.2 & 1.70 \\ 6.20 & 5.20 & 0.00 & 1.60 \\ 5.60 & 6.20 & 5.80 & 0.00 \end{bmatrix} \quad X^2 = \begin{bmatrix} 0.00 & 5.20 & 3.08 & 0.70 \\ 6.20 & 0.00 & 5.20 & 1.45 \\ 6.20 & 4.85 & 0.00 & 1.20 \\ 5.60 & 6.20 & 5.20 & 0.00 \end{bmatrix}$$

$$X^3 = \begin{bmatrix} 0.00 & 3.50 & 2.70 & 0.00 \\ 4.30 & 0.00 & 4.00 & 0.50 \\ 6 & 3.80 & 0.00 & 0.40 \\ 5.40 & 5.00 & 4.60 & 0.00 \end{bmatrix} \quad X^4 = \begin{bmatrix} 0.00 & 4.00 & 2.70 & 0.00 \\ 4.90 & 0.00 & 5.00 & 0.50 \\ 5.00 & 3.70 & 0.00 & 1.00 \\ 5.80 & 5.00 & 5.60 & 0.00 \end{bmatrix}$$

$$X^5 = \begin{bmatrix} 0.00 & 5.89 & 3.76 & 0.78 \\ 4.62 & 0.00 & 4.28 & 2.28 \\ 2.33 & 2.46 & 0.00 & 2.56 \\ 6.28 & 4.67 & 7.26 & 0.00 \end{bmatrix}$$

集成后的群组直接影响矩阵如表5.2的1～4列所示，其中 [0，7] 代表影响程度，从0（无影响）逐渐增大到7（影响极大）。接着，按照传统群组DEMATEL方法步骤计算出综合影响矩阵，结果如表5.2的5～8列所示，并进一步得出系统因素的影响度、被影响度、中心度、原因度（表5.3）。

表5.2 同类标度和差异粒度下的群组DEMATEL方法群组直接影响矩阵、综合影响矩阵

群组直接影响矩阵				综合影响矩阵			
0	4.584	3.142	0.536	0.302	0.487	0.416	0.111
4.792	0	4.736	1.286	0.602	0.345	0.544	0.165
5.146	4.002	0	1.352	0.606	0.528	0.316	0.164
5.736	5.414	5.772	0	0.841	0.775	0.764	0.147

表5.3 同类标度和差异粒度下的群组DEMATEL方法计算结果

	影响度	被影响度	中心度	原因度
q_1	1.316	2.35	3.667(2)	−1.034(4)
q_2	1.656	2.135	3.790(1)	−0.479(3)
q_3	1.614	2.041	3.655(3)	−0.427(2)
q_4	2.527	0.587	3.114(4)	1.939(1)

根据算例分析结果可知，在公司创新管理决策中，原因度排序为$q_4 > q_2 > q_3 > q_1$，其中q_1（技术人员素质）、q_2（组织创新文化）、q_3（资源投入）为结果因素，q_4（市场需求）为原因因素，决策者应对原因因素（市场需求）积极关注，对结果因素（技术人员素质、组织文化创新、资源投入）加大把控，中心度排序为$q_2 > q_1 > q_3 > q_4$，但是四个因素中心度大小相近，对企业创新管理成果均起到重要作用，决策者应予以足够重视。

DEMATEL方法虽被广泛应用，但为描述专家判断的不确定性和模糊性以及系统问题的复杂性，诸多学者对DEMATEL评价标度和评价粒度进行了改进。本章所提方法与传统群组DEMATEL方法及已有改进方法相比有3点特征，具体如表5.4所示。

与传统群组DEMATEL方法相比，不确定性群组DEMATEL方法将模糊集的概念引入DEMATEL方法中，在表示专家判断的模糊性和犹豫性上有了进一步改进。与以上两种方法相比，本章所提方法将概率犹豫模糊语言术语引入DEMATEL方法，在描述专家判断信息模糊、犹豫的基础上进一步加入了概率信息，使得专家对系统因素间影响关系的判断更为全面。另外，本章所提的差异粒度概率犹豫模糊语言术语转化函数，为处理专家评价粒度的差异性提供了新思路。

表5.4 不同类型DEMATEL方法的比较

	传统群组DEMATEL方法	不确定性群组DEMATEL方法	本章所提方法
评价粒度的差异性	×	×	√
判断信息的模糊性	×	√	√
判断信息的全面性	×	×	√

为进一步验证本章所提方法的科学性，仍需要应用传统的DEMATEL方法对上述算例进行计算。需要指出的是，上述算例采用差异粒度概率犹豫模糊语言术语的评价方式，为保证数据内涵前后一致，本章将差异粒度的影响强度值映射到唯一粒度上，对概率值不做变动。首先，令目标粒度 $\gamma + 1 = 7$，所需处理数据下标为 $*$，则评价粒度为5的映射公式为 $*' = (*/4) \times \gamma$，评价粒度为9的映射公式为 $*' = (*/8) \times \gamma$；然后，按照概率犹豫模糊语言术语得分函数计算其得分值；最后，按照DEMATEL方法的后续步骤进行计算，结果如表5.5、表5.6所示。

表5.5 传统群组DEMATEL方法群组直接影响矩阵、综合影响矩阵

群组直接影响矩阵				综合影响矩阵			
0.00	4.25	2.51	0.13	0.258	0.451	0.336	0.052
4.75	0.00	4.16	0.92	0.582	0.325	0.476	0.104
4.88	4.36	0.00	0.71	0.588	0.542	0.266	0.094
5.32	5.47	4.95	0.00	0.812	0.783	0.677	0.083

表5.6 传统群组DEMATEL方法计算结果

	影响度	被影响度	中心度	原因度
q_1	1.096	2.24	3.337(2)	−1.144(4)
q_2	1.487	2.101	3.588(1)	−0.614(3)
q_3	1.490	1.755	3.246(3)	−0.265(2)
q_4	2.356	0.332	2.688(4)	2.024(1)

两种方法的计算结果对比如图5.3所示。由图5.3、表5.3及表5.6可知，两种方法计算结果显示，系统因素原因度、中心度排序均未发生改变，这表明了本章所提方法的科学性和可行性。此外，本章所提方法为差异粒度评价决策中粒度的统一提供了新思路，实现了不同语言术语代表数量内涵的一致，也为群组DEMATEL专家

判断提供了差异粒度的选择。

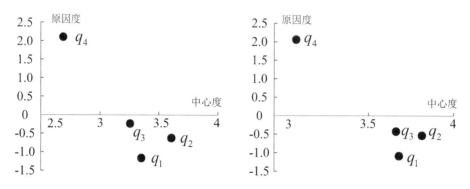

图5.3 两种方法计算结果的对比图

5.6 本章小结

本章主要研究同类标度和差异粒度下的混合式群组DEMATEL决策方法，旨在解决如下问题：（1）如何描述同类标度和差异粒度下的群组判断信息？（2）在群组专家差异粒度表征的情境下，如何实现评价数据信息反映的内涵一致？（3）在实现数据信息反映的内涵一致的基础上，如何将现有数据有效映射为DEMATEL群组决策所需的直接影响矩阵？针对这三种具体问题，本书提出了创新的解决方法，并给出了新方法的理论基础和具体步骤。

首先，详细介绍了同类标度和差异粒度下的混合式群组DEMATEL决策方法的理论基础：同类标度和差异粒度、差异粒度概率犹豫模糊语言术语转化函数和得分函数。其次，基于以上理论基础提出了同类标度和差异粒度下的混合式群组DEMATEL决策方法的构建思路和具体步骤，将概率犹豫模糊语言术语集引入群组DEMATEL方法中，借鉴语言层级方法的思想定义了差异粒度概率犹豫模糊语言术语转化函数，实现了群组专家语言粒度的统一，并定义了带有隶属度的概率犹豫模糊语言术语得分函数，将群组专家的判断转化为传统群组DEMATEL方法可处理的数据形式。最后，通过算例分析验证了本章所提方法的可行性。

与已有研究相比，本章所提方法的主要创新在于：第一，考虑到专家是依据自身知识精度对系统因素间影响关系做出判断的，为专家提供了差异粒度选择，同时考虑到专家判断时容易出现在多个语言术语间犹豫且对某个语言术语更具倾向性的情况，选择概率犹豫模糊语言术语作为专家评价标度；第二，为保证评价粒度统一过程中不存在信息损失，本章所提方法借鉴语言层级方法的思想，构造了差异粒度概率犹豫模糊语言术语转化函数，实现了同一语言术语对应数量内涵的一致，并设置了概率犹豫模糊语言术语得分函数，进而实现了群组专家信息的有效聚合。

第6章 差异标度和差异粒度下的混合式群组 DEMATEL 决策方法

本章主要研究差异标度和差异粒度下的混合式群组 DEMATEL 决策方法。内容安排如下：第一节给出差异标度和差异粒度下的混合式群组专家信息表达；第二节给出方法构建过程中所需的预备知识；第三节至第五节分别给出差异标度和差异粒度下的混合式群组 DEMATEL 决策方法的构建思路、方法实现步骤及算例应用分析；第六节为本章小结。

6.1 差异标度和差异粒度下的混合式群组 专家信息表达

传统群组 DEMATEL 方法预先给定了评价标度和评价粒度，存在专家偏好与既定规则不匹配的问题。针对上述缺陷，本章在第四章所给同类标度和差异粒度下的群组专家判断信息集成方法的基础上，进一步提出更具一般性的、能够兼容群组专家多元评价标度和打分粒度的差异标度和差异粒度下的群组 DEMATEL 决策方法。

首先，本章借鉴排序理论思想，将直接影响矩阵转化为影响强度有序序列，实现了差异标度和差异粒度下数据信息反映的内涵一致；其次，本章引入 OPA 中的线性规划模型处理已有强度有序序列，从动态调整专家权重和有序序列中元素相对影响强度的新思路实现了专家信息的聚合；之后，本章通过实际算例验证了所提方法的可操作性；最后，通过对比分析进一步验证了本章所提方法的优越性。

6.2　预备知识

6.2.1　差异标度与差异粒度

由5.2节内容可知，群组专家在判断时根据其偏好选择契合自身知识经验的不同评价标度、不同评价粒度，即差异标度和差异粒度下的混合式信息表达。下面给出三种常用的DEMATEL评价标度定义。

定义6.1：INs [180]。对于 $c = [c^L, c^U] = \{x | c^L \leqslant x \leqslant c^U, c^L, c^U \in R\}$，称 c 为 INs，当 $c^L = c^U$ 时，c 为实数。

定义6.2：TFNs [181]。若 $c = (c^L, c^M, c^U)$，其中，$0 \leqslant c^L \leqslant c^M \leqslant c^U \leqslant 1$，称 c 为一个 TFNs，其隶属函数可表示为：

$$\mu_c(x) = \begin{cases} \dfrac{x - c^L}{c^M - c^L} & c^L \leqslant x \leqslant c^M \\ \dfrac{x - c^U}{c^M - c^U} & c^M \leqslant x \leqslant c^U \\ 0 & \text{其他} \end{cases} \tag{6.1}$$

当 $c^L = c^M = c^U$ 时，TFNs 为普通实数 c；对于两个 TFNs $c = (c^L, c^M, c^U)$，$d = (d^L, d^M, d^U)$，当且仅当 $c^L = d^L, c^M = d^M, c^U = d^U$ 时，$c = d$。

定义6.3：犹豫模糊语言术语集 [179]。设 $S = \{s_u | u = 0, 1, \cdots, \gamma\}$ 为一个语言术语集，则 S 上的犹豫模糊语言术语集 h_s 为 S 中有限个连续语言术语构成的集合：$h_s = \{s_{\varphi_t} | s_{\varphi_t} \in S, t = 1, 2, \cdots, L(h_s), \varphi_{t+1} = \varphi_t + 1\}$，其中 $L(h_s)$ 是 h_s 中语言术语的个数。如语言术语集 $S = \{s_0$：无影响，s_1：影响小，s_2：影响一般，s_3：影响大，s_4:影响极大$\}$，则 S 上的犹豫模糊语言术语集可以为：$h_s^1 = \{s_0, s_1\}$，$h_s^2 = \{s_2, s_3\}$，$h_s^3 = \{s_3, s_4\}$。

6.2.2　可能度排序

基于可能度的不确定信息排序是目前应用最为广泛的一种排序方法，这种排序方法的基本思想是通过定义一种反映一个不确定信息大于另一个不确定信息程度的度量，并以该度量为基础导出不确定信息之间的排序。本章对于可能度的定义如下：

定义 6.4：设 $S = \{s_u | u = 0, 1, \cdots, \gamma\}$ 为语言术语集，$s_1' = [s_{c_1}, s_{d_1}]$，$s_2' = [s_{c_2}, s_{d_2}]$ 为任意两个不确定信息变量，p 为 s_1' 不小于 s_2' 的一个可能度，对于 p 有以下性质：

（1）$0 \leqslant p(s_1' \geqslant s_2') \leqslant 1$；

（2）若 $c_1 \geqslant d_2$，则 $p(s_1' \geqslant s_2') = 1$；

（3）若 $d_1 \geqslant c_2$，则 $p(s_1' \geqslant s_2') = 0$；

（4）$p(s_1' \geqslant s_2') + p(s_2' \geqslant s_1') = 1$；

（5）若 $p(s_1' \geqslant s_2') \geqslant 0.5$ 且 $p(s_2' \geqslant s_3') \geqslant 0.5$，则 $p(s_1' \geqslant s_3') \geqslant 0.5$；

（6）当且仅当 $c_1 + d_1 \geqslant c_2 + d_2$ 时，$p(s_1' \geqslant s_2') \geqslant 0.5$，特别地，当且仅当 $c_1 + d_1 = c_2 + d_2$ 时，$p(s_1' \geqslant s_2') = 0.5$。

定义 6.5：区间数可能度公式[182]。对于 INs $c = [c^L, c^U]$，$d = [d^L, d^U]$，令 $\Delta_c = c^L - c^U$，$\Delta_d = d^L - d^U$，c 优于 d 的可能度公式为：

$$p(c \geqslant d) = \min\{\max(\frac{c^U - d^L}{\Delta_c + \Delta_d}, 0), 1\} \quad (6.2)$$

定义 6.6：三角模糊数可能度公式[183]。设 $c = (c^L, c^M, c^U)$ 和 $d = (d^L, d^M, d^U)$ 为两个非负 TFNs，则 $c \geqslant d$ 的可能度公式为：

$$p(c \geqslant d) = \frac{1}{2}\left[1 + \frac{(c^L - d^L) + (c^M - d^M) + (c^U - d^U)}{|c^L - d^L| + |c^M - d^M| + |c^U - d^U| + \Delta_{cd}}\right] \quad (6.3)$$

其中，Δ_{cd} 为两个 TFNs 相交部分的长度，若 $(c^L, c^M, c^U) \bigcap (d^L, d^M, d^U) = \varnothing$，则 $\Delta_{cd} = 0$。

定义 6.7：犹豫模糊语言术语可能度公式[184]。设语言术语集 $S = \{s_0, s_1, \cdots, s_\gamma\}$，$h_s^1$ 和 h_s^2 分别为两个犹豫模糊语言术语，则 h_s^1 优于 h_s^2 的可能度公式为：

$$p(h_s^1 \geqslant h_s^2) = \frac{\max(0, \mathrm{Ind}(h_s^{1+}) - \mathrm{Ind}(h_s^{2-})) - \max(0, \mathrm{Ind}(h_s^{1-}) - \mathrm{Ind}(h_s^{2+}))}{\mathrm{Ind}(h_s^{1+}) - \mathrm{Ind}(h_s^{1-}) + \mathrm{Ind}(h_s^{2+}) - \mathrm{Ind}(h_s^{2-})} \quad (6.4)$$

其中，$\mathrm{Ind}(h_s^{1+})$、$\mathrm{Ind}(h_s^{1-})$ 分别为犹豫模糊语言术语 h_s^1 上界和下界的下标，$\mathrm{Ind}(h_s^{2+})$、$\mathrm{Ind}(h_s^{2-})$ 分别为犹豫模糊语言术语 h_s^2 上界和下界的下标。

定义 6.8：可能度排序计算步骤[185]。

（1）对一组不确定信息变量 $\{c_1, c_2, \cdots, c_t\}$，将它们两两比较，求得相应的可能度 $p_{uv} = p(c_u > c_v)$，$u, v = 1, 2, \cdots, t$，建立可能度矩阵 $P = (p_{uv})_{t \times t}$；

（2）计算排序向量 $W = (w_1, w_2, \cdots, w_t)$；

$$w_u = \frac{1}{t(t-1)}\left(\sum_{v=1}^{n} p_{uv} + \frac{t}{2} - 1\right) \tag{6.5}$$

（3）根据w_u的大小对不确定信息变量排序。

6.2.3　有序序列

排序理论是指按照一定的规则对多个数据进行排序，得到有序序列，进而找到最符合要求的方案。有序序列定义如下：

定义6.9[186]：对集合$A = \{a_1, a_2, \cdots, a_t\}$中的元素，若存在$l = \{a_{\alpha_1} \oplus a_{\alpha_2} \oplus \cdots \oplus a_{\alpha_t}\}$，$a_{\alpha_u}, a_{\alpha_v} \in A$，$1 \leq \alpha_u, \alpha_v \leq t$，当$u \neq v$时，若$\alpha_u \neq \alpha_v$，则称$l$为有序序列，专家$k$的有序序列记为$l_k$。其中$\oplus \in \{ >, = \}$，表示有序序列中$\oplus$之前的元素优于或等于$\oplus$之后的元素。例如，对于集合$A = \{a_1, a_2, a_3, a_4\}$，专家1给出的有序序列可以表示为$l_1 = \{a_2 > a_1 = a_3 > a_4\}$。

6.3　方法构建思路

问题描述如下：设复杂系统因素集$Q = \{q_1, q_2, \cdots, q_n\}$，专家集$E = \{e_1, e_2, \cdots, e_m\}$，$e_k$表示第$k$个专家，第$k$个专家给出直接影响关系矩阵$X^k = [a_j^k]_{n \times n}$，$j = \{1, 2, \cdots, n^2\}$，其中$a_j^k$表示第$k$个专家直接影响矩阵中第$j$个元素的影响强度。若群组专家在判断时采用各自偏好的评价标度和评价粒度，则在此情境下的群组DEMATEL方法需要解决如下具体问题：（1）如何描述知识经验不同的专家的差异偏好？（2）针对差异标度和差异粒度同时存在的打分形式，如何进行数据特征提取？（3）如何进行信息聚合，将提取到的数据特征转化为群组直接影响矩阵中的数值？

针对以上问题，本章的分析思路可分成以下几个阶段：

（1）为了表示专家的差异偏好，本章引入了常用的四类标度数量表达形式：实数、INs、TFNs、HFNs。评价粒度为N, $N \geq 4$。

（2）考虑到排序理论在提取数据特征方面有以下优势：一是可以获得统一的数据形式，即通过排序所有专家的直接影响矩阵均可转化为有序序列；二是可以解决不同评价粒度中同一标度值含义不同的问题，并将其含义以相对大小的形式表现出来。因此，本章基于排序理论进行数据特征提取。

（3）本章引入OPA线性规划模型进行信息聚合，出于以下几点考虑：第一，使用该模型避免了重复烦琐的归一化过程，同时也避免了数据转换过程中造成的数据损失问题，且引入该模型能使本章提出的方法更具备通用性，从而提高新方法在实际应用中的普适性；第二，该模型能够处理多组排序形式的数据输入，并能在综合考虑各个专家意见的前提下给出排序元素的相对重要程度，不仅可以保留全部的偏好信息，也能够根据专家的重要程度和信息的相对重要程度对专家权重进行动态调整。

按上述分析思路，绘制出如图6.1所示的方法构建思路图。

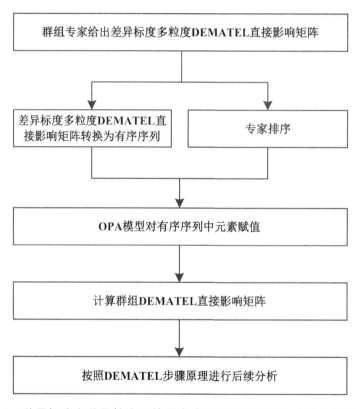

图6.1　差异标度和差异粒度下的混合式群组DEMATEL方法构建思路图

由图6.1可知，首先邀请专家根据自身知识和经验选择差异评价标度和差异评价粒度，对系统因素间的影响强度进行判断，获得差异标度和差异粒度下的直接影响矩阵，再将差异标度和差异粒度下的直接影响矩阵中的元素根据可能度排序后转化为有序序列，之后根据专家知识精度对专家进行排序，获得专家有序序列，然后通过OPA线性规划模型计算得到群组直接影响矩阵中元素的相对影响强度，进而获得群组直接影响矩阵，最后按照传统群组DEMATEL的后续步骤进行分析。

6.4　方法实现步骤

根据上述思路，下面给出差异标度和差异粒度下混合式群组DEMATEL方法的具体实现步骤。

步骤 1： 建立差异标度和差异粒度下的直接影响矩阵。邀请专家 $E = \{e_1, e_2, \cdots, e_m\}$ 根据自身认知水平选择符合自身偏好的标度与粒度，其中 e_k 表示第 k 个专家，$k = \{1, 2, \cdots, m\}$。不妨设专家判断时可以采用基础知识部分提出的四种标度与任意粒度，那么根据偏好差异，群组专家可以分为四个不相交的子集：$E_1, E_2, \cdots, E_4$。$E_1 = \{e_1, e_2, \cdots, e_{m1}\}$，$E_2 = \{e_{m1+1}, e_{m1+2}, \cdots, e_{m2}\}$，$E_2 = \{e_{m2+1}, e_{m2+2}, \cdots, e_{m3}\}$，$E_3 = \{e_{m3+1}, e_{m3+2}, \cdots, e_m\}$，其中 $1 \leqslant m_1 \leqslant m_2 \leqslant m_3 \leqslant m$。当 $e_k \in E_1$ 时，a_j^k 为实数；当 $e_k \in E_2$ 时，a_j^k 为 INs；当 $e_k \in E_3$ 时，a_j^k 为 TFNs；当 $e_k \in E_4$ 时，a_j^k 为犹豫模糊语言术语。

$$X^k = \begin{bmatrix} a_1^k & a_2^k & \cdots & a_n^k \\ a_{n+1}^k & a_{n+2}^k & \cdots & a_{2n}^k \\ \vdots & \vdots & & \vdots \\ a_{n(n-1)+1}^k & a_{n(n-1)+2}^k & \cdots & a_{n^2}^k \end{bmatrix}, \quad k = 1, 2, \cdots, m \tag{6.6}$$

步骤2： 将差异标度和差异粒度下的直接影响矩阵元素转化为有序序列，即直接影响矩阵 $X^k = [a_j^k]_{n \times n}$ 中的元素转化为有序序列 $l_k = \{a_u^k \oplus a_v^k \oplus \cdots\}$，其中，$\oplus \in \{>, =\}$，$a_u^k, a_v^k \in X^k$，$1 \leqslant a_u, a_v \leqslant n^2$，当 $u \neq v$ 时，$a_u \neq a_v$。专家有序序列集合为 $L = \{l_1, l_2, \cdots, l_m\}$。当 $e_k \in E_1$ 时，易得到 l_k；当 $e_k \in E_2$ 时，由公式（5.2）与步骤 1~3 可得 l_k；当 $e_k \in E_3$ 时，由公式（5.3）和步骤 1~3 可得 l_k；当 $e_k \in E_4$ 时，由公式（5.4）和步骤 1~3 可得 l_k。

步骤3： 基于评价粒度进行专家排序。一般而言，专家选择的评价粒度越大，其知识精度就越高，对领域了解越深，因此在群组中的重要性越高。对于专家 $E = \{e_1, e_2, \cdots, e_m\}$，分别给出评价粒度 $\{\hat{\gamma}^1, \hat{\gamma}^2, \cdots, \hat{\gamma}^m\}$，由评价粒度大小获得评价粒度有序序列 $l_{\hat{\gamma}} = \{\hat{\gamma}_{\beta_1} \oplus \hat{\gamma}_{\beta_2} \oplus \cdots \oplus \hat{\gamma}_{\beta_m}\}$。

基于 l_g 获得专家有序序列为 $l_e = \{e_{\beta_1} \oplus e_{\beta_2} \oplus \cdots \oplus e_{\beta_m}\}$，其中，$\hat{\gamma}_{\beta_u}, \hat{\gamma}_{\beta_v} \in l_\gamma$，$e_{\beta_u}, e_{\beta_v} \in l_e$，$1 \leqslant \beta_u, \beta_v \leqslant m$，当 $u \neq v$ 时，$\beta_u \neq \beta_v$。

步骤4：OPA线性规划模型赋值，计算有序序列中元素的相对影响强度。令r_k为第k个专家的排序数，r_j为直接影响矩阵中第j个元素的排序数，则第k个专家给出直接影响矩阵中排序为r_j的元素的相对重要程度可表示为$W_{kj}^{r_j}$。引入OPA有序优先法线性规划模型，求解变量W_{kj}。

$$\max Z = \min\{r_k(r_j(W_{kj}^{r_j} - W_{kj}^{r_j+1})), r_k n^2 W_{kj}^{n^2}\}$$

$$s.t.\begin{cases} Z \leqslant r_k(r_j(W_{kj}^{r_j} - W_{kj}^{r_j+1})) & \forall k, j \\ Z \geqslant r_k n^2 W_{kj}^{n(n-1)} & \forall k, j \\ \sum_{k=1}^{m}\sum_{j=1}^{n^2} W_{kj} = 1 \\ W_{kj} \geqslant 0 & \forall k, j \end{cases} \quad (6.7)$$

步骤5：计算群组直接影响矩阵。

群组直接影响矩阵相对影响强度为：

$$W_j = \sum_{k=1}^{m} W_{kj} \quad (6.8)$$

群组直接影响矩阵G为：

$$G = [b_{j'}]_{n \times n} = W_j - \min\{W_j\}, j = 1, 2, \cdots, n^2 \quad (6.9)$$

步骤6：基于群组直接影响矩阵计算综合影响矩阵并按照传统群组DEMATEL后续步骤进行分析，求得中心度O与原因度Y。

6.5 算例分析

新能源汽车被认为是未来能源和交通系统的关键组成部分，拥有巨大的发展潜力和市场前景。本章以新能源汽车企业投资决策影响因素分析为例，对前面差异标度和差异粒度下的群组DEMATEL方法进行科学合理的验证。在该算例中，共邀请7位专家（e_1, e_2, $\cdots$, e_7），就新能源汽车企业投资进行了分析讨论，并初步确定了5个系统因素，包括政策法规（q_1）、充电基础设施建设状况（q_2）、市场竞争（q_3）、生产规模（q_4）、技术创新（q_5），7位熟悉新能源汽车领域的专家根据其已有知识经验灵活选择评价标度与评价粒度并对因素间的影响关系强度做出判断。

首先，邀请7位专家根据自身知识经验和认知领域分别选择了评价标度与评价粒度。具体如下：专家$e_1 \in E_1$选用评价粒度$\hat{\gamma} = 4$，专家$e_2 \sim e_3 \in E_2$选用评价粒度

$\hat{\gamma}=5$，专家$e_4 \sim e_5 \in E_3$选用评价粒度$\hat{\gamma}=5$，专家$e_6 \sim e_7 \in E_4$选用评价粒度$\hat{\gamma}=7$；群组专家分别判断系统因素间的直接影响关系，构建出相应的直接影响矩阵$X^k(k=1,2,\cdots,7)$，整理后的直接影响矩阵数据如表6.1所示。

表6.1　差异标度和差异粒度下的直接影响矩阵

	e_1	$\cdots$	e_3	$\cdots$	e_5	$\cdots$	e_7
a_1^k	0	$\cdots$	$[0, 0]$	$\cdots$	$[0, 0, 0.25]$	$\cdots$	s_0
a_2^k	2	$\cdots$	$[0, 0.25]$	$\cdots$	$[0.25, 0.5, 0.75]$	$\cdots$	s_3, s_4
a_3^k	2	$\cdots$	$[0.25, 0.5]$	$\cdots$	$[0.5, 0.75, 1]$	$\cdots$	s_3, s_4, s_5
a_4^k	1	$\cdots$	$[0, 0.25]$	$\cdots$	$[0, 0.25, 0.5]$	$\cdots$	s_2, s_3
a_5^k	3	$\cdots$	$[0.75, 1]$	$\cdots$	$[0.75, 1, 1]$	$\cdots$	s_6
$\vdots$	$\vdots$	$\vdots$	$\vdots$	$\vdots$	$\vdots$	$\vdots$	$\vdots$
a_{21}^k	2	$\cdots$	$[0.75, 1]$	$\cdots$	$[0.5, 0.75, 1]$	$\cdots$	s_2, s_3, s_4
a_{22}^k	0	$\cdots$	$[0, 0]$	$\cdots$	$[0, 0, 0.25]$	$\cdots$	s_0, s_1
a_{23}^k	3	$\cdots$	$[0.75, 1]$	$\cdots$	$[0.75, 1, 1]$	$\cdots$	s_5, s_6
a_{24}^k	1	$\cdots$	$[0, 0.25]$	$\cdots$	$[0, 0, 0.25]$	$\cdots$	s_1, s_2
a_{25}^k	0	$\cdots$	$[0, 0]$	$\cdots$	$[0, 0, 0.25]$	$\cdots$	s_0

然后，根据步骤2，将以上直接影响矩阵转化为有序序列，并获得相应的排序值，如表6.2所示。同时，根据步骤3获得群组专家有序序列$E_4 > E_3 = E_2 > E_1$，并根据式（6.7）计算群组专家直接影响矩阵中各元素的相对影响强度，结果如表6.3所示。

表6.2　差异标度和差异粒度下的直接影响矩阵排序表

	a_1^k	a_2^k	a_3^k	a_4^k	a_5^k	a_6^k	a_7^k	$\cdots$	a_{19}^k	a_{20}^k	a_{21}^k	a_{22}^k	a_{23}^k	a_{24}^k	a_{25}^k
e_1	4	2	2	3	1	1	4	$\cdots$	4	3	2	4	1	3	4
e_2	5	4	3	4	1	2	5	$\cdots$	5	2	1	5	1	4	5
e_3	5	2	3	4	1	2	5	$\cdots$	5	3	2	5	1	4	5
e_4	5	3	2	4	1	3	5	$\cdots$	5	4	2	5	1	5	5
e_5	5	4	2	4	1	2	5	$\cdots$	5	2	3	5	3	5	5
e_6	11	5	4	7	1	3	11	$\cdots$	11	5	6	10	2	9	11
e_7	12	5	6	11	2	7	12	$\cdots$	12	7	2	8	3	7	12

表6.3 差异标度和差异粒度下的群组直接影响矩阵相对影响强度

	q_1	q_2	q_3	q_4	q_5
q_1	0.0082	0.0474	0.0460	0.0190	0.0915
q_2	0.0555	0.0082	0.0302	0.0243	0.0665
q_3	0.0594	0.0469	0.0082	0.0597	0.0290
q_4	0.0230	0.0448	0.0735	0.0082	0.0537
q_5	0.0549	0.0145	0.0953	0.0241	0.0082

将表6.3相对影响强度矩阵规范化为群组直接影响矩阵，如表6.4的第1～5列所示，其中，[0, 0.09]代表影响强度，影响强度从0（无影响）逐渐增大到0.09（影响极大）。按照DEMATEL方法的后续步骤计算综合影响矩阵，详见表6.4的第6～10列。然后，分析各因素中心度与原因度，如表6.5所示。

表6.4 差异标度和差异粒度下的群组DEMATEL方法直接影响矩阵、综合影响矩阵

群组直接影响矩阵					综合影响矩阵				
0	0.0392	0.0378	0.0108	0.0833	2.9490	2.3130	3.7910	1.9500	3.6900
0.0473	0	0.0221	0.0161	0.0583	2.7760	1.8540	3.2510	1.7160	3.1750
0.0512	0.0387	0	0.0515	0.0208	3.0430	2.2620	3.4440	2.0520	3.3370
0.0148	0.0366	0.0653	0	0.0455	2.8920	2.2290	3.7170	1.8230	3.3700
0.0467	0.0063	0.0871	0.0159	0	2.9950	2.0930	3.7590	1.9010	3.1330

表6.5 差异标度和差异粒度下的群组DEMATEL方法计算结果

	q_1	q_2	q_3	q_4	q_5
中心度	29.348（3）	23.522（4）	32.098（1）	23.473（5）	30.586（2）
原因度	0.038（3）	2.022（2）	-3.825（5）	4.589（1）	-2.823（4）

根据算例结果分析可知，在新能源汽车投资决策中，原因度排序为：$q_4 > q_2 > q_1 > q_5 > q_3$。其中，原因因素为$q_4$（生产规模）、$q_2$（充电基础设施建设状况）、$q_1$（政策法规），结果因素为$q_3$（市场竞争）、$q_5$（技术创新）。对此，决策者在考虑是否投资新能源汽车企业时，应了解现有政策法规，调查该企业的生产规模和充电设

施建设状况。中心度排序为：$q_3 > q_5 > q_1 > q_2 > q_4$。其中，$q_3$（市场竞争）、$q_5$（技术创新）、$q_1$（政策法规）的中心度排名靠前，这说明市场竞争、技术创新、政策法规对新能源汽车企业发展至关重要，投资决策者应给予足够重视。

DEMATEL方法应用领域广泛，虽然诸多学者针对传统DEMATEL方法在描述决策问题复杂性与专家偏好表达方面存在的缺陷进行了一系列的改进，但与已有研究相比，本章所提出的方法不仅能够处理模糊信息，而且能够同时处理差异标度和差异粒度下的群组DEMATEL决策问题分析，具体比较结果参见表6.6。

表6.6 不同DEMATEL方法的比较

	传统群组DEMATEL方法	不确定性群组DEMATEL方法	差异粒度型群组DEMATEL方法	本章所提方法
偏好信息的模糊性	×	√	×	√
评价标度的差异性	×	×	×	√
评价粒度的差异性	×	×	√	√

与传统群组DEMATEL方法相比，不确定性群组DEMATEL方法通过引入模糊集的概念，拓展了DEMATEL方法的评价标度，使之能够描述专家判断的模糊性和不确定性。差异粒度型群组DEMATEL方法进一步考虑到因专家知识精度不同而倾向于选择不同评价粒度的决策情境，为专家提供了多样化的粒度选择。但是，以上三种方法均存在一定的局限性，即它们限制了专家同时灵活选择评价标度和评价粒度的权利。相比较而言，本章所提方法不仅对专家偏好信息的模糊性、评价标度的差异性、评价粒度的差异性均有较好的处理能力，而且专家给出的偏好判断信息因突破了表达方式、标度和粒度的局限而更具普适性。

为便于方法对比，下面应用传统群组DEMATEL方法对上述算例进行计算。需要强调指出，上述算例中，运用本章所提方法考虑了差异标度和差异粒度同时存在的决策情境，但在传统群组DEMATEL运算中，为保证数据类型、数据内涵的前后一致性，先通过去模糊化，将TFNs、INs、犹豫模糊语言术语一一转化为实数；然后借鉴差异粒度拓展语言层级的思想，将差异粒度的影响强度值映射到统一粒度上。令目标粒度 $\hat{\gamma} = \gamma + 1 = 7$，所需处理数据为 *，则评价粒度为5的映射公式为 $*' = (*/4) \times \gamma$，评价粒度为4的映射公式为 $*' = (*/3) \times \gamma$。之后，再按照群组DEMATEL方法进行后续计算，计算结果如表6.7、表6.8所示。

表6.7　传统群组DEMATEL方法直接影响矩阵、综合影响矩阵

群组直接影响矩阵					综合影响矩阵				
0	3.65625	3.6875	1.4375	5.68750	3.304	2.884	3.911	2.487	3.883
4.03125	0	2.4375	1.8750	4.65625	3.251	2.467	3.553	2.307	3.554
4.21875	3.65625	0	4.3750	2.18750	3.571	2.955	3.764	2.670	3.795
1.71875	3.53125	4.90625	0	3.90625	3.366	2.858	3.915	2.374	3.746
3.96875	0.75000	5.53125	1.8750	0	3.150	2.471	3.585	2.260	3.186

表6.8　传统DEMATEL方法计算结果

	q_1	q_2	q_3	q_4	q_5
中心度	33.110(2)	28.765(4)	35.483(1)	28.356(5)	32.815(3)
原因度	−0.173(3)	1.498(2)	−1.974(4)	4.160(1)	−3.511(5)

两种方法计算结果对比如图6.2所示。

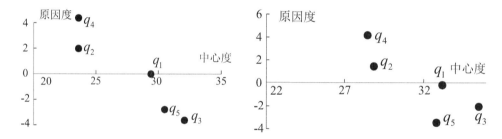

图6.2　两种方法计算结果的对比图

对比分析本章所提方法计算结果（表6.5）和传统DEMATEL方法计算结果（表6.8）发现：

在原因度方面，两种方法计算结果的排序一致，但在表6.5中 q_1（政策法规）计算结果为正数是原因因素，而在表6.8中 q_1（政策法规）计算结果为负数是结果因素。根据现实决策情境可知，新能源汽车行业政策法规由国家有关部门制定并颁布，具有一定稳定性，一般不会轻易更改，并对该行业发展起到引导、指示和规范的作用，应为原因因素。由此可见，本章所提方法更符合现实情况。

在中心度方面，表6.5计算结果与表6.8计算结果相比，因素 q_3（市场竞争）、q_5（技术创新）、q_1（政策法规）均排在前三名的位置，属于决策者应重点关注的因素，

但是表6.5计算结果认为目前在新能源汽车领域q_5（技术创新）优于q_1（政策法规），而表6.8的计算结果则相反。从现实情况看，新能源汽车行业目前处于起步发展阶段，技术创新可改变现有困境、推动行业进步，故被相关决策者高度重视。此外，新能源汽车属于国家大力支持发展的行业，相关政策法规早已制定颁布且短时间内不会发生颠覆性变动，故两者相比较，决策者应更重视技术创新因素。因此，本章所提方法更能反映上述状况，也更具准确性和适用性。

综上所述，本章通过算例分析和方法对比验证了所提新方法的科学可行性，也验证了在差异标度和差异粒度下（混合异质信息表达情境下）的新方法更为可靠、更符合现实情境。

6.6　本章小结

本章主要研究差异标度和差异粒度下的混合式群组DEMATEL决策方法，针对传统群组DEMATEL方法预先给定评价标度和评价粒度而存在的专家偏好与既定规则不匹配的问题，提出了能够兼容群组专家差异标度和差异粒度的DEMATEL决策新方法，并详细阐述了新方法的理论基础和具体步骤，克服了传统DEMATEL方法人为假定所有专家均使用相同标度和相同粒度而导致难以反映群组专家差异化偏好的内在不足。

首先，概述了差异标度和差异粒度下的混合式群组DEMATEL决策方法的理论基础：差异标度与差异粒度、可能度排序和有序序列。其次，借鉴排序理论思想将直接影响矩阵转化为影响强度有序序列，实现了差异标度和差异粒度下多专家分别构建的直接影响矩阵中元素的内涵一致，引入有序优先法中的线性规划模型处理已有强度有序序列，从动态调整专家权重和有序序列中元素相对影响强度的新思路实现了专家信息聚合，提出了能够兼容群组专家多元评价标度和打分粒度的差异标度和差异粒度下的群组DEMATEL决策方法。最后，以新能源汽车企业投资决策影响因素分析为算例，验证了该方法的可行性和有效性。

与已有研究相比，本章所提方法的创新之处在于：第一，在第五章所提同类标度和差异粒度下的混合式群组DEMATEL决策方法的基础上进一步减少了对专家评价标度选择的限制，专家可选择任意偏好的数量表达方式，使系统因素间影响强度的定量表达体现出极大的灵活性；第二，借鉴排序理论思想对差异化直接影响矩阵进行排序，从而提取数据特征，避免了以往研究中不同类型数据间一一设置转化函数的烦琐步骤；第三，借鉴OPA线性规划模型，在保留全部专家偏好信息的同时，将有序序列转化为可被DEMATEL方法处理的数据，实现了群组专家信息的有效聚合，拓展了DEMATEL方法解决复杂系统决策问题的能力。

第7章 考虑中心度和原因度属性关联的 DEMATEL新方法

本章主要研究考虑中心度和原因度属性关联的DEMATEL新方法。内容安排为：第一节给出中心度和原因度内在属性关联关系推理模型；第二节给出新方法的实现机理，其中包括新方法的构建思路、具体实现步骤及算例应用分析；第三节为本章小结。

7.1 中心度和原因度内在属性关联关系推理模型

目前，关于属性关联关系的推理研究，已形成了相对成熟的理论研究成果，这些成果可以分为三个主要分支[135]：一是通过数据驱动确定属性关联关系[187, 188]，二是通过部分专家知识偏好输入结合客观推理模型推断属性关联关系[137, 189, 190]，三是寻找另一种与属性关联关系具有相似特征和性质的变量来代替属性关联关系[191, 192]。关于这三个分支，第一个分支能否成功取决于是否有足够的训练集，即包括属性和备选方案性能的基本信息集。然而，在大多数情况下，如何构造一个合适的训练集仍是一个很大的挑战，并且DEMATEL方法所研究的问题与备选方案无关，难以从方案视角解决中心度和原因度内在属性关联关系的挖掘问题。第三个分支是直接用其他变量代替模糊测度。然而，大部分研究成果中所替换的变量只能在一定程度上满足模糊测度的定义和性质，倾向于有效地描述准则之间的冗余性，而不能描述准则之间复杂的相互作用，如互补性。在这三个分支中，第二个分支兼顾主观和客观两个方面，仍然是属性关联关系方法推理的主流研究方向。

但是，通过对第二种属性关联关系分支的研究现状进行梳理分析，不难看出，此类属性关联关系的推断存在以下三方面的问题。（1）决策者偏好输入的困难尚未得到较好的解决，即使是部分偏好信息的输入，专家仍然需要给出精确的数值判断偏好，当所需判断目标为陌生事物时，决策者显然无法给出具体的数值判断。（2）决策者偏好输入的方式不够灵活便利，且缺乏误差修正机制。直接数值判断的方式，往往要求决策者对判断目标进行科学、准确的判断，然而事实上，决策者对偏好判断结果中所蕴含的属性关联关系机理并不完全了解，导致判断存在偏差甚至模型无解，特别是在对属性关联关系细化要求较高的情境中，偏好参数间相互矛盾的情况更为常见，导致方法的可操作性大大降低。（3）对属性关联关系的细化程度不足，部分偏好参数的输入要求虽然减少了属性关联关系的挖掘难度，但是过少的约束条件会导致模型在处理大量复杂属性关联关系问题时出现精度不足的问题，这导致所得的属性关联关系无法真实地反映实际情况。基于上述理论认知，本节将对目前属性关联关系推理模型存在的缺陷进行相应的改善，提出一种基于中心度和原因度内在属性关联关系的科学推理模型。

7.1.1 关联属性性质特征筛选

现实情境中，决策者面对不熟悉的事物的判断往往表现出有限理性特征（主观模糊性、判断精力有限、不确定性等），基于部分专家知识偏好的属性关联推理模型同样如此，专家知识偏好的输入需要充分考虑专家对知识判断对象的理解及熟悉程度。为更好地处理决策者"有限理性"前提下的决策问题，专家偏好信息的诱导引出作为一个新概念被提出并深入研究。已有相关研究表明，偏好激发方法应该更多地关注与人类决策过程中可观察事物相一致的属性（直觉推理、常识和专业知识），以提高偏好参数引出过程的灵活性、便利性和合理性[132]。实际决策过程中，各个属性自身所具备的性质和特征往往能够被决策者直接观察和感受到，已有偏好诱导研究中，属性Shapely重要系数、否决系数和赞成系数三者常常被作为属性关联推断模型的偏好输入对象，是目前主流的属性性质特征偏好信息，而三者在DEMATEL因素分析中也能找到相匹配的具体含义。其中，（1）中心度和原因度的内在属性Shapely重要系数表示含有该属性对应因素的影响关系相较于其他因素影响关系的重要程度。比如，在可持续供应管理系统中，供应质量在较大程度上决定了系统的可持续性，所以有质量因素参与的影响关系自然相较于没有质量因素参与的影响关系更重要一些。（2）中心度和原因度的内在属性否决系数表示当某个因素与该属性对应因素的影响关系较弱时，倾向拒绝该因素成为系统核心因素的程度。比如在一个以降本增收为导向的供应管理系统中，对绿色技术因素的改进几乎无法产生经济效益，那么即使绿色技术因素能够提高产品质量、改善环境等，其依然不是符合这个系统发展目标的核心因素。（3）中心度和原因度的内在属性赞成系数表示当某个因素与该属性对应因素的影响关系较强时，倾向于接受该因素成为系统核心因素的程度。比如，在以可持续发展为目标的供应管理系统中，绿色技术因素的改善能够显著影响供应系统的可持续发展，那么即使该因素无法实现降本增收，作者依然倾向于接受其为该系统的核心因素。

可以看出，三种属性性质特征的内涵都较为简单具体，且与人们的决策实践息息相关，符合专家经验知识的直觉判断，适合作为专家知识判断对象及中心度、原因度内在属性关联关系推理模型的输入偏好信息。下面给出三者之间的转换关系[135]：

$$V_j + F_j = 1 + \frac{nI_j - 1}{n - 1} \tag{7.1}$$

从上述转换关系可以看出，三个偏好参数的自由度为2，为避免无意义的偏好判断，下面将对三者进行筛选。

从三者的定义可以看出，一个属性的否决或赞成系数相比于Shapely重要系数更为复杂，属性否决系数和赞成系数的大小几乎与所有属性及属性间的相关关系有关，而属性Shapely重要系数的大小仅与该属性自身和含有该属性的相关关系有关，这意味着专家判断属性否决性与赞成性时，需要对所有的属性及属性间的关联关系进行把握，而对属性Shapely重要性的判断仅需要把握部分属性及属性间的关联关系，显然后者的判断难度更小。此外，否决和赞成系数作为一种近年来新引入的间接反映属性关联关系的新兴概念，相较于Shapely重要系数，专家需要更多的认知努力去理解和判断这两个新概念，而且实际多属性决策中，因为从某个属性的表现直接得到整个决策结果的现象并不常见，大部分都需要综合考虑，这导致在实际决策中专家对属性的重要系数相比于属性的否决系数和赞成系数更敏感。

从属性关联关系的分解细化逻辑看，相比于单一属性性质特征输入，更多的属性特征偏好输入不仅能够提高对属性关系推理的准确度，还能保证属性关联关系的分解更精更细，让不同的属性关联关系得到识别。首先，让决策者对判断难度较低的属性Shapely重要性进行知识推断，使用属性Shapely重要系数体现属性发挥作用的程度。然后，在对属性Shapely重要系数判断的基础上对属性否决或赞成系数进行分析判断，进一步使用属性否决或赞成系数体现属性发挥作用的程度（属性自身作用程度和交互作用程度占比），相同Shapely重要系数的情况下，否决系数越大，属性交互作用占比越大，否决系数越小，属性自身作用占比越大。这种由易到难、由浅入深的关联关系分解、细化方式与人们对事物的底层认识和判断逻辑相符，从而更容易被决策者理解。

综上分析，属性Shapely重要系数及属性否决系数更适合一起作为中心度、原因度内在属性关联关系推理模型的专家知识偏好输入，可增加中心度和原因度内在属性关联关系推理的精度和准确度。

7.1.2　关联属性性质特征的科学推断

一般来说，即使属性Shapely的重要性及否决性的知识判断较符合专家的直觉经验输入方式，但让专家对多个属性的重要性和否决性进行精确数值的判断仍然存在困难。同时，属性否决性作为一个近年来新引入的概念，专家对其数值背后所蕴含的属性关联关系不甚了解。然而，在使用类似属性性质特征进行属性关联关系的分解时，必须遵循这些性质特征背后所蕴含的关联关系机理，即专家对属性Shapely重要系数和否决系数的判断赋值必须满足一定的规则（归一性等），否则将导致模型推断出现无解的困境。显然，随着属性否决系数的引入，各属性性质特征背后所蕴含的规则会更加复杂苛刻，专家无法依靠自身经验常识对这些属性性质特征的精确值进行直接合理的判断，精确值的直接判断也意味着专家必须保证所有偏好判断的准确性，没有任何容错机制。因此，有必要设计一套科学的中心度和原因度内在属性性质特征的推理机制，提升专家知识判断的灵活性和简易性，为错误的知识判断提供一定的修正机制，保证专家主观输入偏好参数的合理性、科学性。

显然，没有任何参照让专家直接对中心度和原因度内在属性的性质特征进行判断是不友好的，随着决策主观输入方式的不断优化，人们发现当给决策者提供一个参照物时，可以显著减少决策者判断时的不确定性和犹豫性，即决策者比较容易通过两两比较的方式来估计两者在同一目标上的相对系数。例如，在实际决策中，直接让决策者判断属性的重要程度具有一定难度，但是如果换种方式，给决策者提供一个参照属性，让决策者以这个参照属性为标准，比较目标属性与参照属性重要程度的相对大小，就能够显著减少决策者判断时的不确定性，而且两两比较的方式被许多决策理论方法认可[132]，并被证明其得到的结果与决策者的直觉推理结果是一致的。有鉴于此，本书吸纳了Wu等[137]提出的MCCPI，给出了中心度和原因度内在属性对多属性相关偏好信息（dematel multicriteria correlation preference information，DMCCPI）方法，一对属性的DMCCPI由两个相对Shapely重要系数和两个相对否决系数组成。

定义7.1：为方便起见，记属性c_i和属性c_j为中心度和原因度的n个内在属性中的任意两个属性，设I_i^j为属性c_i相对于属性c_j的Shapely相对重要系数，v_i^j为属性c_i相对于属性c_j的相对否决系数。Shapely相对重要系数矩阵和相对否决系数矩阵共同组成中心度和原因度内在属性对的DMCCPI，可表示为：

$$\text{DMCCPI:} \begin{cases} PI = [PI_{ij}]_{n \times n} = \begin{bmatrix} 0.5 & I_1^{12} & \cdots & I_1^{1n} \\ I_2^{12} & 0.5 & \cdots & I_2^{2n} \\ \vdots & \vdots & \vdots & \vdots \\ I_n^{1n} & I_n^{2n} & \cdots & 0.5 \end{bmatrix}, \\ PV = [PV_{ij}]_{n \times n} = \begin{bmatrix} 0.5 & V_1^{12} & \cdots & V_1^{1n} \\ V_2^{12} & 0.5 & \cdots & V_2^{2n} \\ \vdots & \vdots & \vdots & \vdots \\ V_n^{1n} & V_n^{2n} & \cdots & 0.5 \end{bmatrix} \end{cases} \tag{7.2}$$

其中，$I_i^{ij} + I_j^{ij} = 1$，$v_i^{ij} + v_j^{ij} = 1$，当$i = j$时，$I_i^{ij} = 0.5$，$V_i^{ij} = 0.5$。

中心度和原因度内在属性的DMCCPI矩阵所蕴含的属性性质特征显然不够直观，无法被应用于实际问题的解决，所以需要对其进行转化计算，形成直观表征中心度和原因度内在属性Shapely重要性和否决性的具体数值向量，而转化的依据就是DMCCPI矩阵与属性Shapely重要系数及否决系数之间的客观联系，即假设专家完全理性时，DMCCPI矩阵应满足完全一致性，所引出的属性Shapely值和否决系数应满足如下等式。

$$PI_{ij} = I_i^{ij} = \frac{I_i}{I_i + I_j}, \quad PV_{ij} = V_i^{ij} = \frac{V_i}{V_i + V_j}$$

$$\min Z = \sum_{i=1}^n \sum_{j \neq i}^n \left[\left(\beta(PI_{ij} - I_i/I_i + I_j) \right)^2 + \left(VI_{ij} - V_i/V_i + V_j \right)^2 \right]$$

$$s.t. \begin{cases} (a) \begin{cases} I_i = \sum_{t=0}^{n-1} \frac{1}{t+1} \sum_{T \subset C\backslash c_i, t=|T|} m(T \cup c_i), \forall c_i \in C \\ V_i = 1 - \frac{n}{n-1} \sum_{T \subseteq N\backslash c_i} \frac{1}{t+1} m(T) \end{cases} \\ (b) \{m(T) = 0, |T| > 2, \forall T \subseteq C \\ (c) \{andness = \frac{1}{n} \sum_{i=1}^n V_i \\ (d) \{\beta = n \times andness \\ (e) \begin{cases} m(c_i) + \sum_{c_j \in T} m(c_i, c_j) \geq 0, \forall c_i \in C, \forall T \subseteq C\backslash c_i, T \neq \varnothing \\ m(\varnothing) = 0, m(c_i) \geq 0, \forall c_i \in C \\ \sum_{i=1}^n m(c_i) + \sum_{\{c_i, c_j\} \subseteq C} m(c_i, c_j) = 1 \end{cases} \end{cases} \tag{7.3}$$

此外，中心度和原因度内在属性的Shapely重要系数和否决系数还应受到属性关联关系机理的约束，即当使用模糊测度反映属性关联问题时，由模糊测度表示的属性Shapely重要系数和否决系数应满足模糊测度的数值约束。在这里，考虑到传统模糊测度虽然能够尽可能地表示属性间的复杂关联关系，但是实际中大多数属性关联现象不需要如此复杂的模糊测度进行建模解释，并且部分主观偏好信息结合客观模型的推理方法无法求解出精度如此高的属性关联关系，这对模糊测度的推广应用造成了一定程度的困扰。为解决这一问题，人们提出了2-可加模糊测度，此类特殊的模糊测度能够尽可能地表征并解释现实中的大部分属性关联现象，同时具有参数复杂度不高的特点，实现了对方法复杂度和解决问题能力的科学平衡，迅速受到了广大学者的青睐。基于以上分析，考虑到专家的"有限理性"，一般而言，专家给出的DMCCPI往往存在一定的误差和矛盾，因此，不仅需要帮助专家修正不合理的参数，而且也要得出最符合专家知识经验偏好的参数值。为此，基于最低不一致原则，本书构建了中心度和原因度内在属性Shapely重要系数和否决系数的非线性规划模型，具体参见式（7.3）。

求解式（7.3）可以得出反映中心度和原因度内在属性的Shapely重要系数和否决系数。值得说明的是，在式（7.3）中，（a）为属性Shapely重要系数和否决系数基于2-可加模糊测度的定义约束。（b）为2-可加模糊测度的Mobius转化定义约束。约束（c）中，$andness$ 为对所有属性的全局否决约束系数，一般该系数初值取0.5，当求解后的该系数大于0.5时，则反映中心度和原因度内在属性的关联关系整体呈现互补关联倾向；当求解后的该系数小于0.5时，则反映中心度和原因度内在属性的关联关系整体呈现冗余关联倾向，通过对该系数赋值有助于求解该非线性规划模型时各参数不出现极端解的情况，以保证结果的合理性。约束（d）中，β 为误差调整系数，因为否决系数和Shapely重要系数的取值不同，判断所产生的误差也不同（取值越大，误差越大），误差调整系数可以确保相同误差下所代表的不一致程度相同。为了避免多目标优化问题仅实现单一目标优化的问题，其原因在于：无论属性Shapely重要系数还是属性否决系数，两者作为专家偏好的输入都同等重要，具有相同的误差优先级。（e）为2-可加模糊测度Mobius分解的单调和边界约束。该非线性规划模型通过增加（a）、（b）、（e）三个约束条件，确保中心度和原因度内在属性的Shapely重要系数和否决系数的数值满足由2-可加模糊测度表示的属性关联关系所蕴含的内在机理，避免了判断失误导致的模型参数冲突。另外，目标优化函数的构建是基于最小不一致性原则，可在保证与DMCCPI矩阵一致性最大的同时，尽可能地缩小非线性规划求解结果与专家主观满意偏好的偏差。

7.1.3 中心度和原因度内在属性关联关系的科学推理及表征

虽然中心度和原因度内在属性的Shapely重要系数和否决系数背后蕴含了具体的

属性关联关系，但是如果不将这些具体的属性关联关系从中剥离出来，并使用模糊测度科学地进行表征，那么前面对中心度和原因度内在属性性质特征的推断会失去意义，显然无法提供有用的属性关联信息帮助专家处理DEMATEL中心度和原因度内在属性关联问题。因此，我们需要根据中心度和原因度内在属性的性质特征与2-可加模糊测度的联系，对中心度和原因度内在属性的Shapely重要系数和否决系数背后所蕴含的属性关联关系进行挖掘，并使用2-可加模糊测度对其进行表征。

同时，尽管属性Shapely重要系数和否决系数共同限制了属性间的关联关系，但是在2-可加模糊测度表征下的属性关联关系仍存在一定的自由度，满足条件的属性关联关系的解并不唯一。在考虑属性关联的决策领域，当无法准确求得唯一属性关联关系时，人们一般会倾向于得到更具通用性及普适性的属性关联关系（尽可能让每一个属性都发挥作用），对于极端不够均匀的模糊测度则倾向于放弃。这是因为，极端特殊的属性关联关系（模糊测度）往往适用场景较少，若不放弃将会降低方法的可推广性，而较均匀的属性关联关系可以增加决策的全面性，适用于大多数决策情境。Kojadinovic[193]提出了以最小方差为目标的模糊测度优化模型，该模型可以推理出更均匀、更通用的模糊测度，使得更多的属性在决策中发挥作用，进而提高结果的准确性。基于上述认知，并借鉴Kojadinovic[193]所提模型的目标函数构建思路，将前面引出的否决系数及Shapely重要系数作为约束条件，可构建出如下的模糊测度推理模型。

$$\min \overline{V}(m) = \frac{1}{n} \sum_{c_i \in C} \sum_{S \subseteq C \setminus c_i} \frac{(n - |S| - 1)! |S|!}{n!} \left(\sum_{T \subseteq S} m(T \cup c_i) - \frac{1}{n} \right)^2$$

$$(7.4)$$

$$\begin{cases} (\alpha) \begin{cases} I_i = \sum_{t=0}^{n-1} \frac{1}{t+1} \sum_{T \subset C \setminus c_i, \, t = |T|} m(T \cup c_i), \, \forall c_i \in C \\ V_i = 1 - \frac{n}{n-1} \sum_{T \subseteq C \setminus c_i} \frac{1}{t+1} m(T) \end{cases} \\ (\beta) \begin{cases} m(c_i) + \sum_{c_j \in T} m(c_i, c_j) \geq 0, \, \forall c_i \in C, \, \forall T \subseteq C \setminus c_i, \, T \neq \varnothing \\ m(\varnothing) = 0, \, m(c_i) \geq 0, \, \forall c_i \in C \\ \sum_{i=1}^{n} m(c_i) + \sum_{\{c_i, c_j\} \subseteq C} m(c_i, c_j) = 1 \\ m(T) = 0, \, |T| > 2, \, \forall T \subseteq C \end{cases} \end{cases}$$

综合以上分析内容，可以绘制出中心度和原因度内在属性关联关系的推理流程图，详见图7.1。

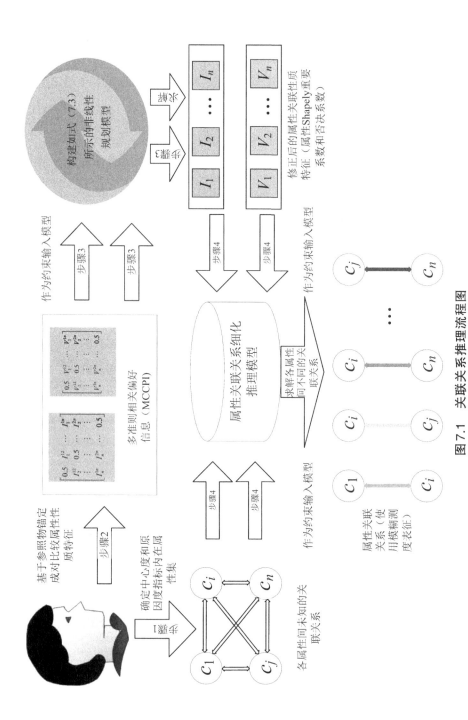

图 7.1 关联关系推理流程图

7.1.4 中心度和原因度内在属性关联关系的推理过程

基于上述理论认识，下面给出基于属性自身性质特征的中心度、原因度内在属性关联关系的推理步骤，具体如下：

步骤 1：根据 DEMATEL 方法分析得到的系统要素，确定中心度和原因度指标所包含的内在属性集 $o = \{c_1, c_2, \cdots, c_n\}$。

步骤 2：构建中心度和原因度内在属性的 DMCCPI。首先，使用成对比较法，邀请专家结合 Shapely 重要系数的内涵及自身经验知识对中心度和原因度内在属性的 Shapely 重要系数按顺序进行 n^2 次两两比较，形成相对 Shapely 重要系数矩阵 PI；然后，邀请专家基于相对 Shapely 重要系数矩阵进一步对中心度和原因度内在属性的否决系数按顺序进行 n^2 次两两比较，形成相对否决系数矩阵 PV；最后，整合得到中心度和原因度内在属性的 DMCCPI。

步骤 3：结合步骤 2 得出的 DMCCPI，构建如式（7.3）所示的非线性规划模型并对该模型进行求解，推理出准确且可行的中心度和原因度各内在属性的 Shapely 重要系数向量 DI 和否决系数向量 DV，$DI = (di_1, di_2, \cdots, di_n)$，$DV = (dv_1, dv_2, \cdots, dv_n)$，其中 di_1 表示属性 c_1 的 Shapely 重要系数，dv_1 表示属性 c_1 的否决系数。

步骤 4：根据式（7.4），将步骤 3 得到的中心度和原因度内在属性 Shapely 重要系数和否决系数作为模型约束条件，推理出更具通用性的中心度和原因度内在属性的关联关系，并通过模糊测度进行科学表征。

$$\mu \begin{cases} \mu(c_1), \mu(c_2), \cdots, \mu(c_n) \\ \mu(c_1, c_2), \mu(c_1, c_3), \cdots, \mu(c_{n-1}, c_n) \\ \cdots \\ \mu(c_1, c_2, \cdots, c_n) \end{cases}$$

其中，$\mu(c_1)$ 表示内在属性 c_1 的 2-可加模糊测度。

该方法所得到的属性关联关系不仅可以帮助 DEMATEL 方法实现中心度和原因度指标的科学计算，还可以拓展应用到其他属性关联问题的分析中。故本书所提的新方法可帮助决策者科学判断分析复杂属性关联关系，在考虑决策者"有限理性"的前提下，尽可能增加属性关联关系挖掘的精度及准确度，具有较强的可移植性和可拓展性。

7.1.5 算例分析

本节以某 M 电子产品制造企业原材料供应商评价指标属性关联分析为例，对上节所提的推理过程予以实践应用。由于供应商的综合评价指标往往涵盖多个维度的属性特征，面对多属性决策问题，考虑属性间关联关系的综合评价结果相较于简单加权所得结果更能解释现实情况，因此，不同属性间关联关系的合理推断对最终评价结果的准确性至关重要。在此算例中，为了能选择出较为稳定且质量合格的电子产品原材料供应商，先对电子产品供应商综合评价研究文献进行了梳理，发现目前相关研究主要考虑了经济、环境和社会三个方面因素。这是因为，目前大家普遍接受的高质量可持续供应商的标准为：供应商企业从战略高度系统地协调经济效益、环境保护和社会责任三重底线。针对这三个方面的相关指标研究归纳如表7.1所示。

表7.1 经济、环保和社会指标归纳表

一级维度	二级指标	指标具体含义	文献依据
经济	成本	电子产品原材料成本、订购成本、物流成本	[194]；[195]；[196]
	响应速度	接单速度、交货时间	
	质量	产品退货率、质量管理能力	
	技术水平	关键技术研发、设计能力	
环境	污染控制	废弃物、有害物处理排放	[194]；[195]；[196]；[197]
	环境管理系统	环境保护内部监控、管理机制、绿色工艺及规划	
	绿色产品	绿色包装、绿色认证	
	绿色创新	产品绿色设计、可再生产品设计	
社会	健康和安全	企业对员工健康安全问题的重视	[194]；[197]
	政策遵循	企业对国家、政府相关政策的拥护与遵循	
	信息披露	碳信息等涉及公共利益的相关信息披露	
	利益相关者权益	企业对利益相关者的权益维护	

从表7.1可知，经济维度的成本、响应速度和质量三者都在一定程度上反映了供应商产品制造技术水平的高低。当该供应商的电子产品原材料制造技术较高时，该供应商就能够相应地提供低价且高质量的快速响应供给服务。因此，为避免指标冗余，本章选择成本、响应速度和质量三个指标作为电子产品供应商经济维度表现的衡量因素。同理，环境维度的环境管理系统指标能反映供应商的污染控制水平，绿色产品指标能反映产品绿色创新技术的成熟度；社会维度的健康和安全、政策遵循指标均能较好地涵盖供应商对社会各方面产生积极影响的能力。基于上述思考，本

算例选取成本(E_1')、质量(E_2')、响应速度(E_3')、环境管理系统(G_1')、绿色产品(G_2')、健康和安全(S_1')、政策遵循(S_2')7个指标进行后续的关键因素辨识工作，对其间存在的复杂关联关系进行挖掘推断，帮助决策者厘清各属性关系，从而实现科学决策。具体过程如下：

（1）请决策者对各个属性进行Shapely重要性和否决性的成对比较，得到各属性的DMCCPI，参见表7.2和表7.3。

（2）将上一步得到的DMCCPI代入优化模型（7.3）中，解得最符合决策者知识偏好的各属性的Shapely重要系数和否决系数，如表7.4所示。

表7.2　相对Shapely重要系数矩阵

S	E_1'	E_2'	E_3'	G_1'	G_2'	S_1'	S_2'
E_1'	0.50	0.40	0.60	0.40	0.60	0.50	0.60
E_2'	0.60	0.50	0.65	0.50	0.65	0.60	0.70
E_3'	0.40	0.35	0.50	0.30	0.55	0.40	0.50
G_1'	0.60	0.50	0.70	0.50	0.80	0.55	0.60
G_2'	0.40	0.35	0.45	0.20	0.50	0.35	0.45
S_1'	0.40	0.5	0.60	0.45	0.65	0.50	0.60
S_2'	0.50	0.30	0.60	0.40	0.55	0.40	0.50

表7.3　相对否决系数矩阵

S	E_1'	E_2'	E_3'	G_1'	G_2'	S_1'	S_2'
E_1'	0.50	0.49	0.52	0.49	0.50	0.50	0.49
E_2'	0.52	0.50	0.55	0.50	0.52	0.51	0.50
E_3'	0.49	0.45	0.50	0.45	0.50	0.48	0.45
G_1'	0.51	0.50	0.55	0.50	0.55	0.51	0.51
G_2'	0.48	0.48	0.50	0.45	0.50	0.47	0.45
S_1'	0.50	0.49	0.52	0.49	0.55	0.50	0.49
S_2'	0.51	0.50	0.55	0.49	0.53	0.55	0.51

表7.4　各内在属性Shapely重要系数及否决系数

G	E_1'	E_2'	E_3'	G_1'	G_2'	S_1'	S_2'
Shapely	0.1444	0.2015	0.0988	0.2068	0.0830	0.1535	0.1121
Veto	0.5073	0.5323	0.4551	0.5425	0.4571	0.5061	0.4901

（3）结合前面求得的各属性性质特征（Shapley重要性和否决性）的具体数值，将其作为约束条件融入优化模型（7.4）并求解各属性间的关联关系，并用模糊测度的Mobius表现形式对其进行科学表征，如表7.5所示。

表7.5　各内在属性（集）模糊测度

$m\{T\}$	取值	$m\{T\}$	取值	$m\{T\}$	取值
$m\{E_1'\}$	0.1051	$m\{E_1',E_2'\}$	0.0147	$m\{E_2',G_1'\}$	0.0044
$m\{E_2'\}$	0.2054	$m\{E_1',E_3'\}$	−0.0268	$m\{E_2',G_2'\}$	−0.0162
$m\{E_3'\}$	0.1913	$m\{E_1',G_1'\}$	0.0341	$m\{E_2',S_1'\}$	0.0007
$m\{G_1'\}$	0.1736	$m\{E_1',G_2'\}$	−0.0049	$m\{E_2',S_2'\}$	0.0259
$m\{G_2'\}$	0.1179	$m\{E_1',S_1'\}$	0.0222	$m\{E_3',G_1'\}$	−0.0246
$m\{S_1'\}$	0.1480	$m\{E_1',S_2'\}$	0.0392	$m\{E_3',G_2'\}$	−0.0400
$m\{S_2'\}$	0.0648	$m\{E_2',E_3'\}$	−0.0372	$m\{E_3',S_1'\}$	0.0326
$m\{E_3',S_2'\}$	−0.0238	$m\{G_1',G_2'\}$	−0.0001	$m\{G_1',S_1'\}$	0.0131
$m\{G_1',S_2'\}$	−0.0073	$m\{G_2',S_1'\}$	−0.0011	$m\{G_2',S_2'\}$	0.0151
$m\{S_1',S_2'\}$	0.0392	—	—	—	—

由表7.5可知，不同属性间的属性关联关系各不相同，并且关联关系的表征自由度较大且取值符合决策分析者的认识心理。

7.2　新方法的实现机理

7.2.1　思路构建

从第3.3节中考虑中心度和原因度内在属性关联的DEMATEL方法的缺陷分析可以发现，目前对DEMATEL方法的相关改进虽然改善了传统DEMATEL方法未考虑中心度和原因度内在属性关联的问题，但因改进方式不够深入和科学，导致了专家判断困难、偏好参数维度灾难、属性关联关系推断机理不科学、方法处理问题的准确度和精度不足等问题。因此，有必要对考虑中心度和原因度内在属性关联的DEMATEL方法中的属性关联关系推理模型进行深入拓展，从而改善DEMATEL方法中心度和原因度指标的科学性，增强方法实际应用的可操作性及可推广性。

从已有的与属性关联关系的挖掘推理相关的研究中可以发现，这些推理模型或多或少存在一些缺陷，因与DEMATEL方法的适配度不高，导致无法推理出科学合理的中心度和原因度的内在属性关联关系。主要原因有以下三点：

（1）现有属性关联关系推理模型的偏好输入不够友好。大部分研究为了追求属性关联关系挖掘的准确性，要求专家对抽象、复杂的属性关联特征进行知识判断，这显然未考虑专家的"有限理性"问题。

（2）现有研究对属性关联关系的挖掘和细化程度不足。大部分模型为了追求模型的客观性，尽量避免专家的主观输入，仅通过少量的偏好限制结合客观模型进行属性关联关系推理，所得到的结果同质性过高，无法对具体的属性关联关系进行辨识。

（3）已有研究完全未考虑输入参数的矛盾和修正问题。实际上，当应用中属性种类的个数增加时，参数相互矛盾导致模型无解的情况常常发生。该缺陷在DEMATEL复杂系统的应用情境中被显著放大，用DEMATEL方法分析的系统要素往往复杂多样，专家更是难以对要素间的属性关联关系特征进行准确辨别。同时，DEMATEL方法作为研究要素间影响关系的科学方法，其本身研究的要素关系就是具体而非笼统的，同质化严重的属性关联关系与DEMATEL方法本身的机理相悖。此外，DEMATEL方法本身要求专家有一定主观知识判断的输入，属性关联关系的挖掘无疑是在已有知识判断的基础上增加新的主观判断任务，如果只是理想化地认为，在缺乏相应的偏好诱导辅助推理机制的情况下，专家能够直接给出海量、准确、不相互矛盾的偏好参数，那无疑将说明该方法仅适用于理想环境，无法在实际应用中推广。

综上所述，要对考虑中心度和原因度内在属性关联的DEMATEL方法进行深度拓展，必须解决属性关联关系推理模型与DEMATEL方法的适配性问题。章玲等[53]率先指出，属性的自身性质特征与DEMATEL中对应因素间的相互影响关系具有一定的联系，随后也涌现出了许多类似的研究。尽管属性自身的性质特征与DEMATEL中的因素影响关系之间的联系具体如何仍没有定论，但是学者们都默认两者之间存在联系。也就是说，在DEMATEL分析过程中，成本因素和质量因素之间存在强相互影响时，这两个因素所对应的成本属性和质量属性大概率存在较强的关联关系。这意味着将上节中介绍的第二种分支的推理模型融入DEMATEL方法的分析流程，并在已有DEMATEL方法对因素间相互影响关系分析的基础上进行属性的性质特征判断，可以降低专家对属性自身性质特征知识判断的难度，同时增强此类关联关系推理模型知识偏好输入的准确性。

因此，利用专家对中心度和原因度内在属性自身性质特征的知识判断，结合客观属性关联关系推理模型，确定DEMATEL中心度和原因度内在属性关联关系是对

DEMATEL方法的有机拓展，客观属性关联关系推理模型与DEMATEL方法具有较强的适配性。另外，对考虑中心度和原因度内在属性关联的DEMATEL方法的深入拓展必须满足以下三个方面。首先，必须保证改进后方法的可操作性。对中心度和原因度内在属性间复杂关系的考虑，必然会在一定程度上增加方法的复杂度，但如果完全不考虑专家的"有限理性"、偏好参数的可获得性、模型的可运算性等，那么即使方法能够从理论层面完美地解决问题，也无法在实践中产生效能，所以拓展方法必须有效处理已有研究中未解决的指数灾难等实际应用问题。其次，必须保证改进后方法的科学性。中心度和原因度内在属性关联关系的确定为中心度和原因度指标的计算提供了依据，属性关联关系的推断必须有科学的依据和理论机理支撑，以避免主观随意的假定给属性关联关系的推断带来不确定性。最后，必须平衡方法复杂度和方法可行性问题，保证对中心度和原因度内在属性关联关系的挖掘精度，使得方法能够有效处理解释属性关联问题的大部分情况，使得DEMATEL方法能够分析具体的属性关联关系。

显然，从适配性的角度看，上一节所提出的中心度和原因度内在属性关联关系科学推理模型在属性关联关系推理中所展现的优势与DEMATEL方法对中心度和原因度属性关联关系的挖掘需求具有较高的匹配度，将上一节的科学模型融入DEMATEL方法的分析流程，恰好实现了两种方法的优劣互补，较好地解决了传统考虑中心度和原因度内在属性关联的DEMATEL方法的诸多缺陷，同时DEMATEL方法对要素间相互影响关系的深入分析也为关联关系推理模型中的偏好输入提供了一定的依据。

根据以上对基于中心度和原因度内在属性关联关系科学推理模型的DEMATEL新方法的分析构建过程，下面给出该方法的模型构建框架图，参见图7.2。

7.2.2 DEMATEL新方法具体实现步骤

基于上述理论认识，下面通过中心度和原因度内在属性关联关系科学推理模型对DEMATEL方法进行深度拓展，在保证两者的方法机理相互适配的基础上，对两者进行有机融合，构建基于中心度、原因度内在属性关联关系科学推理模型的DEMATEL方法，辅助专家轻松、准确地推断出复杂的属性间的关联关系，并在此基础上进行科学的系统要素结构相关性分析，该方法的具体实现步骤如下。

步骤1：邀请相关问题领域专家结合自身实践经验和专业知识，确定问题所对应复杂系统中的因素集 $o = \{c_1, c_2, \cdots, c_n\}$，以及中心度和原因度的内在属性集 $o' = \{c_1', c_2', \cdots, c_n'\}$。

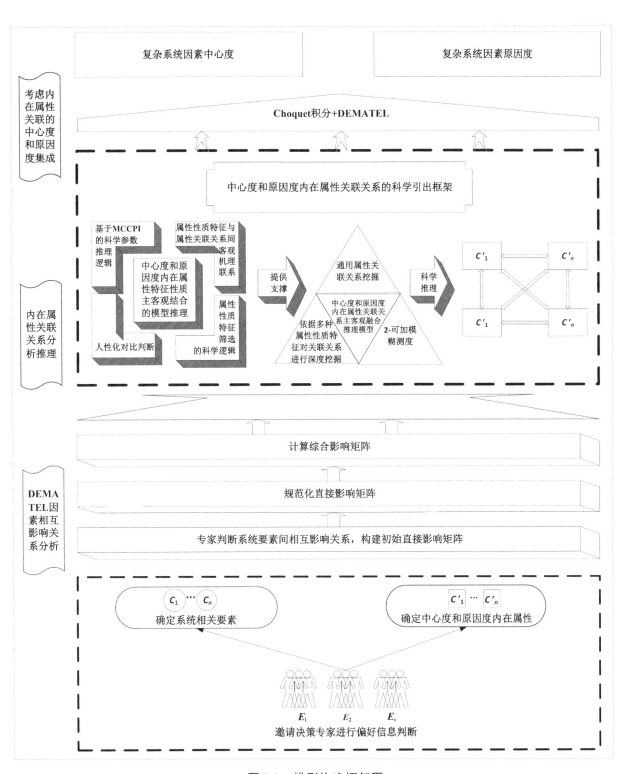

图 7.2　模型构建框架图

步骤2：邀请专家结合自身实践经验和专业知识，判断系统因素间的相互影响关系并构建直接影响关系矩阵 $G = \left[g_{ij} \right]_{n \times n}$。

步骤3：对直接影响矩阵进行规范化，得到可进行DEMATEL分析的规范化影响矩阵 $D = \left[d_{ij} \right]_{n \times n}$。

步骤4：考虑因素间的直接与间接影响关系，计算综合影响矩阵 $T = \left[t_{ij} \right]_{n \times n}$。

步骤5：科学推理中心度和原因度内在属性的关联关系。根据7.2节的推理过程，利用构建的中心度、原因度内在属性关联关系推理模型，结合DEMATEL分析得到的IDR和TDR矩阵，可以求得能够充分合理表征中心度、原因度内在属性关联关系的2-可加模糊测度。

根据前面各因素间相互影响关系的判断结果，对各因素对应属性间的关联关系进行更进一步的分析判断，在此基础上实现对各内在属性的DMCCPI的准确判断。按照7.1节中心度和原因度的内在属性关联关系推断步骤2至步骤4，求解出由2-可加模糊测度表示的中心度和原因度内在属性关联关系。

步骤6：揭示中心度和原因度指标的内在属性关联关系，求得最终准确数值。基于上一步求得的2-可加模糊测度，使用Choquet积分计算中心度和原因度。

$$Cf_i = C_m(t_{i1}, t_{i2}, \cdots, t_{in}) = \sum_{T \subseteq C} (m(T) \times \bigwedge_{c_j \in T} t_{ij}) \qquad (7.5)$$

$$Ce_j = C_m(t_{1j}, t_{2j}, \cdots, t_{nj}) = \sum_{T \subseteq C} (m(T) \times \bigwedge_{c_i \in T} t_{ij}) \qquad (7.6)$$

$$CZ_i = Cf_i + Ce_i \qquad (7.7)$$

$$CZ_i = Cf_i - Ce_i \qquad (7.8)$$

步骤7：根据中心度、原因度绘制系统因素因果关系图，进行因素结构的相关性分析。

7.2.3 算例分析

本节以某M电子产品制造企业为其产品提供原材料的供应商选择影响因素分析为例，对上节所提方法的科学可行性予以初步验证。Hendiani 等[198]对目前企业供应商合作伙伴的选择进行了深入研究，得出大部分企业倾向于选择长期、稳定的供应商合作伙伴的结论。在此基础上，Cheraghalipour等[199]对能够可持续地为企业提供稳定、高质量供应服务的供应商特征进行了总结，发现高质量供应商的识别需要从多个维度对其进行科学评价。所以，对影响供应商质量的多维度因素间复杂影响关系进行科学分析和辨识具有重要意义。在此算例中，从经济、绿色和社会三个维度中筛选出7个影响因素：经济维度包括成本（E_1）、质量（E_2）和响应速度（E_3）；绿色维度包括环境管理系统（G_1）及绿色产品（G_2）；社会维度包括健康和安全（S_1）、政策遵循（S_2）。具体分析过程如下：

（1）邀请专家对可持续供应商相关因素间的直接影响关系进行判断，得到直接影响矩阵，如表7.6所示。

表7.6　因素直接影响矩阵

D	E_1	E_2	E_3	G_1	G_2	S_1	S_2
E_1	0.00	4.00	1.75	1.75	1.00	1.00	1.50
E_2	4.75	0.00	0.50	2.00	4.00	0.50	0.75
E_3	0.50	1.00	0.00	0.50	1.00	2.50	3.50
G_1	4.75	1.75	2.00	0.00	4.00	1.50	2.00
G_2	3.75	3.75	0.00	1.00	0.00	0.50	1.00
S_1	2.75	1.00	2.50	1.00	2.00	0.00	4.00
S_2	3.75	0.50	4.00	3.75	2.00	1.00	0.00

（2）根据式（3.1）规范化直接影响矩阵，再根据式（3.2）计算得到综合影响矩阵，如表7.7所示。

表7.7　因素综合影响矩阵

G	E_1	E_2	E_3	G_1	G_2	S_1	S_2
E_1	0.2085	0.3109	0.1817	0.1893	0.1973	0.1178	0.1841
E_2	0.4297	0.1779	0.1288	0.2059	0.3257	0.0971	0.1533
E_3	0.1951	0.1494	0.1073	0.1251	0.1623	0.1765	0.2666
G_1	0.4770	0.2856	0.2313	0.1472	0.3590	0.1653	0.2496
G_2	0.3560	0.3052	0.0909	0.1492	0.1338	0.0823	0.1404
S_1	0.3498	0.2044	0.2513	0.1822	0.2454	0.0888	0.3221
S_2	0.4137	0.2093	0.3198	0.3010	0.2672	0.1516	0.1665

（3）确定中心度和原因度指标所包含的内在属性。经济维度的属性包括成本属性（E_1'）、质量属性（E_2'）和响应速度属性（E_3'），环境维度的属性包括环境管理系统属性（G_1'）、绿色产品属性（G_2'），社会维度的属性包括健康和安全属性（S_1'）、政策遵循属性（S_2'），基于前面对供应商相关因素影响关系的分析，对内在属性进行 Shapely 重要

性和否决性的成对比较，得到更准确的DMCCPI，如表7.8和表7.9所示。

表7.8　相对Shapely重要系数矩阵

S	E_1'	E_2'	E_3'	G_1'	G_2'	S_1'	S_2'
E_1'	0.50	0.40	0.60	0.40	0.60	0.50	0.60
E_2'	0.60	0.50	0.65	0.50	0.65	0.60	0.70
E_3'	0.40	0.35	0.50	0.30	0.55	0.40	0.50
G_1'	0.60	0.50	0.70	0.50	0.80	0.55	0.60
G_2'	0.40	0.35	0.45	0.20	0.50	0.35	0.45
S_1'	0.40	0.5	0.60	0.45	0.65	0.50	0.60
S_2'	0.50	0.30	0.60	0.40	0.55	0.40	0.50

表7.9　相对否决系数矩阵

S	E_1'	E_2'	E_3'	G_1'	G_2'	S_1'	S_2'
E_1'	0.50	0.49	0.52	0.49	0.50	0.50	0.49
E_2'	0.52	0.50	0.55	0.50	0.52	0.51	0.50
E_3'	0.49	0.45	0.50	0.45	0.50	0.48	0.45
G_1'	0.51	0.50	0.55	0.50	0.55	0.51	0.51
G_2'	0.48	0.48	0.50	0.45	0.50	0.47	0.45
S_1'	0.50	0.49	0.52	0.49	0.55	0.50	0.49
S_2'	0.51	0.50	0.55	0.49	0.53	0.55	0.51

（4）将上一步得到的DMCCPI带入优化模型（7.3）中，解得各内在属性客观合理的Shapely重要系数值和否决系数值，如表7.10所示。

表7.10　各属性Shapely重要系数及否决系数

G	E_1'	E_2'	E_3'	G_1'	G_2'	S_1'	S_2'
Shapely	0.1444	0.2015	0.0988	0.2068	0.0830	0.1535	0.1121
Veto	0.5073	0.5323	0.4551	0.5425	0.4571	0.5061	0.4901

（5）结合前面求得的属性性质特征（Shapley重要性和否决性）的具体数值，利用优化模型（4.4）求解各内在属性（集）模糊测度的Mobius表示形式，如表7.11所示。

（6）按照式（7.5）～（7.8）求解各因素中心度和原因度，结果如表7.12所示。

（7）根据各因素中心度和原因度绘制因果关系图，并进行系统因素结构的相关性分析。

表7.11　各内在属性（集）Mobius 模糊测度

$m\{T\}$	取值	$m\{T\}$	取值	$m\{T\}$	取值
$m\{E_1'\}$	0.1051	$m\{E_1',E_2'\}$	0.0147	$m\{E_2',G_1'\}$	0.0044
$m\{E_2'\}$	0.2054	$m\{E_1',E_3'\}$	−0.0268	$m\{E_2',G_2'\}$	−0.0162
$m\{E_3'\}$	0.1913	$m\{E_1',G_1'\}$	0.0341	$m\{E_2',S_1'\}$	0.0007
$m\{G_1'\}$	0.1736	$m\{E_1',G_2'\}$	−0.0049	$m\{E_2',S_2'\}$	0.0259
$m\{G_2'\}$	0.1179	$m\{E_1',S_1'\}$	0.0222	$m\{E_3',G_1'\}$	−0.0246
$m\{S_1'\}$	0.1480	$m\{E_1',S_2'\}$	0.0392	$m\{E_3',G_2'\}$	−0.0400
$m\{S_2'\}$	0.0648	$m\{E_2',E_3'\}$	−0.0372	$m\{E_3',S_1'\}$	0.0326
$m\{E_3',S_2'\}$	−0.0238	$m\{G_1',G_2'\}$	−0.0001	$m\{G_1',S_1'\}$	0.0131
$m\{G_1',S_2'\}$	0.0392	$m\{G_2',S_1'\}$	−0.0073	$m\{G_2',S_2'\}$	−0.0011
$m\{S_1',S_2'\}$	0.0151	—	—	—	—

表7.12　各因素中心度和原因度

G	E_1	E_2	E_3	G_1	G_2	S_1	S_2
中心度	0.5716	0.4459	0.3553	0.4391	0.4546	0.3459	0.4718
原因度	−0.1620	−0.0299	−0.0288	0.0711	−0.0758	0.0901	0.0374

从因果关系图7.3可以看出，健康和安全（S_1）因素为最强驱动因素（原因度最大），决策者应该重视并针对供应商职工健康和安全方面进行考察。虽然该因素对于

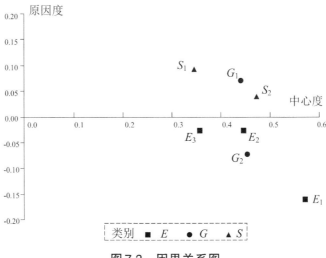

图7.3　因果关系图

供应商的整体质量变好有较强的驱动作用，但是该因素中心度最低。这说明该因素不易受系统中其他因素的影响，较为稳定且与其他因素的联动性不强，供应商可以适当降低对该因素的持续关注度。

环境管理系统（G_1）因素具有较高的原因度，属于原因因素。这说明通过对该因素的改善能驱动供应商整体质量向好发展；同时，该因素的中心度较高，说明该因素与其他因素可以产生较好的联动效应，重视环境管理系统建设的供应商在未来提供高质量供应链服务的潜力较大，因为重视环境管理系统建设可降低企业与其相关业务的风险。

成本（E_1）为中心因素，对其他因素可产生较强的影响且易被其他因素影响，管理者应该注重供应商在该因素上的表现。该因素可以较为全面地反映供应商的整体质量，其原因在于供应商其他因素的表现都可以从该因素得到体现。但是该因素原因度较低，且为负值，因此该因素为结果因素，说明这个因素的表现易受其他因素支配，不能仅通过该因素的表现来选择供应商。

7.3　本章小结

本章主要研究考虑中心度和原因度内在属性关联的DEMATEL新方法。目前，对已有DEMATEL方法的相关改进，虽然改善了以往未考虑中心度和原因度内在属性关联的问题，但是改进方式不够深入和科学，导致了专家判断困难、偏好参数维度灾难、属性关联关系推断机理不科学、方法处理问题的准确度和精度不足等问题。针对上述问题，本章从关联信息的间接诱导推理思想出发，通过中心度和原因度内在属性关联关系科学推理模型对DEMATEL方法进行深度拓展，在保证两者在方法机理上相互适配的基础上，将其进行有机融合，构建基于中心度和原因度内在属性的关联关系科学推理模型的DEMATEL决策新方法。所构建的新方法较好地解决了已有DEMATEL方法考虑中心度和原因度内在属性关联不足的本质缺陷，同时本章所提的新方法对要素间相互影响关系的深入分析也为关联关系推理模型中的偏好输入提供了一定的依据。

与已有的考虑中心度和原因度内在属性关联的DEMTAEL拓展方法相比，本章所提出的DEMATEL决策新方法，其主要创新之处在于如下两点。

第一，将2-可加模糊测度模型有机融入DEMATEL新方法中，不仅能充分体现该模型在众多类型模糊测度中的优势（即能够有效平衡参数复杂度和关联关系表征能力），而且能够最大程度地反映出DEMATEL中心度和原因度内在属性间的复杂关联关系。

第二，提出了DEMATEL中心度、原因度内在属性关联关系推理模型，有效解决了已有DEMATEL方法对中心度和原因度指标内在属性关联关系辨识难的问题。该推理模型的优势在于：首先，在专家推理机制方面，采用Shapely重要系数和否决系数能够实现对属性相关关系的科学辨识，符合决策分析者对复杂事物进行分解还原的理论逻辑且符合决策分析者的认知心理；其次，在判断方法方面，采用了基于参照物的比较判断方法，有效降低了专家判断的难度，提高了专家判断的准确性；最后，在目标函数确定方面，采用最低不一致目标偏好测度函数，能够有效地表达各专家的偏好信息。需要强调的是，该推理模型不仅适用于DEAMTEL因素分析方法，还可以推广到其他考虑属性关联的复杂决策方法中。该推理模型既可以显著改善模糊测度的科学严谨性，也可以提升属性关联关系辨别的准确度和精度，在现实决策情境中有着较强的实践应用可操作性。

第8章 理论方法的实证应用研究

8.1 DEMATEL中专家遴选新方法在海绵城市建设问题中的应用

8.1.1 案例背景介绍

随着我国城市化进程的加快，城市水资源治理问题不断涌现，对社会经济发展和人民生命财产安全造成了巨大影响，如果放任不管，将带来严峻的城市灾害问题。为完善城市水循环系统，减少城市洪涝灾害，促进绿色生态体系的构建，加速城市发展，2012年4月，在"2012低碳城市与区域发展科技论坛"中"海绵城市"这一概念被首次提出，进入了人们的视野。之后，在2013年12月12日，习近平总书记在中央城镇化工作会议上强调："在提升城市排水系统时要优先考虑把有限的雨水留下来，优先考虑更多利用自然力量排水，建设自然积存、自然渗透、自然净化的'海绵城市'。"就此拉开了我国海绵城市建设的序幕。

S市地处我国长三角地区，是典型的亚热带季风半湿润气候，多年平均降雨量均达1000 mm，虽然全年平均降雨量不高，但年中降雨量相对较高。城市化建设进程中，S市的基础设施大规模增加，使得其雨水下渗率降低，从而导致该市常年遭受城市内涝的困扰。2017年，S市夏季出现单日雨量高达58 mm/h的情况，主城区两次发生高达2 m的严重积水，造成城市交通瘫痪，多数车辆受灾，带来了严重的经济损失；2018年8月，S市平均降雨量高达116.5 mm，S市接连出现20处内涝点，造成了严重的城市内涝灾害。近年来，S市虽然积极响应号召开展海绵城市建设，但受限于资金投入不足、协同治理水平不高等问题，其海绵城市建设进展缓慢，城市内涝问题并未得到有效缓解，进而严重制约了其经济发展。在上述背景下，运用本书所提出的DEMATEL因素分析新方法对制约S市海绵城市建设的影响因素进行分析，从中找出关键制约因素，并给出进一步提升S市海绵城市建设质量的具体建议。

8.1.2 海绵城市建设影响因素辨识

查阅国内外相关文献，归纳出31个影响海绵城市建设的因素。在对S市发展现状进行解读的基础上，将上述因素整理分类、同类合并，最终得到技术、经济、社会、管理4个大类下的16个影响因素，将其建立为指标体系，如表8.1所示。

表8.1 S市海绵城市建设影响因素

维度	因素
技术	F_1(专业人才队伍数量)、F_2(基础研究积累情况)、F_3(各专业协同合作水平)、F_4(旧城区规划与建设水平)
经济	F_5(财政资金落实情况)、F_6(融资机制)、F_7(经济效益与投资回收期)
社会	F_8(社会公众认知与参与度)、F_9(城市建设用地开发强度)、F_{10}(土地供给情况)、F_{11}(海绵城市产业链条)
管理	F_{12}(监管与绩效评价体系)、F_{13}(政策法规保障)、F_{14}(地方政府推动力)、F_{15}(海绵城市宣传教育力度)、F_{16}(后期运营维护情况)

8.1.3 方法应用

依据DEMATEL方法步骤，在确定S市海绵城市建设影响因素指标体系后，需邀请专家对各因素间的直接影响关系进行判断，从而构建直接影响矩阵。为保证专家决策的质量，运用本书第四章所提专家遴选模型开展专家遴选。

首先，结合该决策问题的详细介绍信息，运用TextRank算法识别出其领域集合及特征向量。

$$I_1 = \{ P_1^1, P_2^1, P_3^1, P_4^1, P_5^1 \}$$

$$= \{ 海绵城市, 城市建设, 城市发展, 城市水循环, 城市洪涝 \}$$

$$I_{R1} = \begin{pmatrix} (p_1^1, 0.269), (p_2^1, 0.171), (p_3^1, 0.119), (p_4^1, 0.087), (p_5^1, 0.077), \\ (p_6^1, 0.065), (p_7^1, 0.060), (p_8^1, 0.054), (p_9^1, 0.053), (p_{10}^1, 0.046) \end{pmatrix}$$

使用TextRank算法对影响因素体系进行描述，识别出其领域集合及特征向量：

$$I_2 = \{ P_1^2, P_2^2, P_3^2, P_4^2, P_5^2 \}$$

$$= \{ 城市建设, 海绵城市, 设施建设, 城市土地, 维护管理 \}$$

$$I_{R2} = \begin{pmatrix} (p_1^2, 0.282), & (p_2^2, 0.215), & (p_3^2, 0.129), & (p_4^2, 0.074), & (p_5^2, 0.058), \\ (p_6^2, 0.056), & (p_7^2, 0.048), & (p_8^2, 0.048), & (p_9^2, 0.047), & (p_{10}^2, 0.042) \end{pmatrix}$$

将上述结果整合，可得其领域集合为：

$$I = I_1 \bigcup I_2 = \{ P_1, P_2, P_3, P_4, P_5, P_6, P_7, P_8 \}$$

$$= \{ 海绵城市, 城市建设, 城市发展, 城市水循环, 城市洪涝, 设施建设,$$

$$城市土地, 维护管理 \}$$

将领域特征向量合并，取前十构建的决策问题特征向量为：

$$I_R = \begin{pmatrix} (p_1, 0.271), & (p_2, 0.290), & (p_3, 0.148), & (p_4, 0.067), & (p_5, 0.052), \\ (p_6, 0.046), & (p_7, 0.036), & (p_8, 0.032), & (p_9, 0.032), & (p_{10}, 0.027) \end{pmatrix}$$

其次，基于领域标签从最近参与的同决策问题领域相似评价活动的专家集合中选择12位专家，并构建专家候选集，记为 $\{ DM_1, DM_2, DM_3, DM_4, DM_5, DM_6, DM_7, DM_8,$ $DM_9, DM_{10}, DM_{11}, DM_{12} \}$，基于专家信息可构建专家知识图谱，同时结合4.2.1中的方法可构建各专家的领域标签与特征向量。例如，专家 DM_1 的领域标签和特征向量分别为：

$$P_1 = \{ Q_{11}, Q_{12}, Q_{13}, Q_{14}, Q_{15}, Q_{16} \}$$

$$= \{ 海绵城市, 城市雨水, 溢流污染, 绿色措施, 城市治理 \};$$

$$P_{R1}' = \begin{pmatrix} (q_{11}, 0.186), & (q_{12}, 0.151), & (q_{13}, 0.101), & (q_{14}, 0.098), & (q_{15}, 0.088), \\ (q_{16}, 0.079), & (q_{17}, 0.079), & (q_{18}, 0.079), & (q_{19}, 0.072), & (q_{20}, 0.068) \end{pmatrix} 。$$

对专家 DM_1 擅长领域采用4.2.2的方法与决策问题领域进行对比，确定专家满足遴选要求后，计算其领域契合度。基于 HowNet，可算得 $sim(p_1, q_{12}) = 1$，$sim(p_2, q_{16}) = 1$，$sim(p_3, q_{18}) = 1$，$sim(p_4, q_{11}) = 1$，$sim(p_5, q_{19}) = 0$。以此类推，将特征向量 P_{R1}' 进行对齐得到：

$$P_{R1}'' = \begin{pmatrix} (p_1, 0.151), & (p_2, 0.088), & (p_3, 0.079), & (p_4, 0.186), & (p_5, 0), \\ (p_6, 0.043), & (p_7, 0.101), & (p_8, 0), & (p_9, 0.026), & (p_{10}, 0.017), & (p_{11}, 0.306) \end{pmatrix}$$

则可通过式（4.4）～（4.6）计算得到其相似度：

$$similar(I_R, P_{R1}'') = 0.527$$

重复上述步骤，确定各专家满足遴选要求后，计算出专家集中所有专家的领域相似度：

$$similar(I_R, P_{R1}'') = \begin{bmatrix} 0.527, & 0.604, & 0.684, & 0.573, & 0.509, & 0.629, \\ 0.723, & 0.648, & 0.579, & 0.632, & 0.548, & 0.583 \end{bmatrix}$$

基于领域契合度测度结果，遴选出领域契合度较高的8位专家得到专家初选集，

即 $E_{\text{sel1}} = \{ DM_2, DM_3, DM_6, DM_7, DM_8, DM_9, DM_{10}, DM_{12}\}$。

接下来，对上述初选集中的专家进行信誉测度。在资格审查阶段，收集审核各位专家信息发现，各学术研究者均不存在学术不端的行为，各政府部门人员均不存在任何违规的行为，各企业工作者均未有过违反行业规定的行为，于是专家遴选范围仍为 $\{ DM_2, DM_3, DM_6, DM_7, DM_8, DM_9, DM_{10}, DM_{12}\}$。基于此，收集上述8位专家参与过的决策活动与评价项目反馈评价信息，考虑到时效性问题，对最近3年内各专家参与项目数量进行统计，得到各项目对各专家的反馈分值 $T_k^j(C_1)$、$T_k^j(C_2)$、$T_k^j(C_3)$，结合式（4-7），令 $a_1 = a_2 = a_3 = 1/3$，计算出各专家的信誉评估结果（详见表8.2）。

表8.2 专家信誉评估信息

专家	项目数量	信誉评估结果
DM_2	5	{8.23；9.50；9.40；9.80；8.33}
DM_3	3	{9.27；9.73；9.67}
DM_6	6	{9.80；8.67；5.67；6.20；9.50；8.67}
DM_7	3	{8.67；8.71；8.79}
DM_8	3	{8.80；5.00；8.67}
DM_9	3	{9.60；8.67；7.33}
DM_{10}	5	{7.43；7.23；9.33；8.67；9.33}
DM_{12}	4	{9.00；8.50；9.33；8.76}

结合上述评价值，通过本书第4.3.2部分所提方法展开数据融合。将各专家信誉值转化为识别框架 $H = \{H_1, H_2, H_3, H_4, H_5\} = \{$很差, 较差, 中等, 较好, 很好$\}$ 上的基本概率分配函数，结果如表8.3所示。

表8.3 专家评审信誉的基本概率分配

专家	信誉评估结果
DM_2	$\{(H_4, 0.89), (H_5, 0.11)\}$；$\{(H_4, 0.25), (H_5, 0.75)\}$；$\{(H_4, 0.30), (H_5, 0.70)\}$ $\{(H_4, 0.10), (H_5, 0.90)\}$；$\{(H_4, 0.83), (H_5, 0.17)\}$
DM_3	$\{(H_4, 0.36), (H_5, 0.64)\}$；$\{(H_4, 0.14), (H_5, 0.86)\}$；$\{(H_4, 0.17), (H_5, 0.83)\}$
DM_6	$\{(H_4, 0.10), (H_5, 0.90)\}$；$\{(H_4, 0.66), (H_5, 0.34)\}$；$\{(H_2, 0.16), (H_3, 0.84)\}$ $\{(H_3, 0.10), (H_4, 0.90)\}$；$\{(H_4, 0.25), (H_5, 0.75)\}$；$\{(H_4, 0.66), (H_5, 0.34)\}$
DM_7	$\{(H_4, 0.66), (H_5, 0.34)\}$；$\{(H_4, 0.65), (H_5, 0.35)\}$；$\{(H_4, 0.61), (H_5, 0.39)\}$

续表8.3

专家	信誉评估结果
DM_8	$\{(H_4, 0.60), (H_5, 0.40)\}; \{(H_2, 0.25), (H_3, 0.75)\}; \{(H_3, 0.66), (H_4, 0.34)\}$
DM_9	$\{(H_4, 0.20), (H_5, 0.80)\}; \{(H_4, 0.66), (H_5, 0.34)\}; \{(H_3, 0.34), (H_4, 0.66)\}$
DM_{10}	$\{(H_3, 0.28), (H_4, 0.72)\}; \{(H_3, 0.38), (H_4, 0.62)\}; \{(H_4, 0.34), (H_5, 0.66)\}$ $\{(H_4, 0.66), (H_5, 0.34)\}; \{(H_4, 0.66), (H_5, 0.34)\}; \{(H_4, 0.33), (H_5, 0.67)\}$
DM_{12}	$\{(H_4, 0.50), (H_5, 0.50)\}; \{(H_4, 0.75), (H_5, 0.25)\}; \{(H_4, 0.34), (H_5, 0.66)\}$ $\{(H_4, 0.62), (H_5, 0.38)\}$

结合上述基本概率分配函数，对各组数据利用余弦相似度进行冲突分析，构建相似度矩阵，求得专家DM_2各证据间的相似矩阵与冲突矩阵如下所示。

$$S(DM_2) = \begin{bmatrix} 1 & 0.43 & 0.50 & 0.23 & 0.99 \\ 0.43 & 1 & 0.99 & 0.98 & 0.50 \\ 0.50 & 0.99 & 1 & 0.95 & 0.50 \\ 0.23 & 0.98 & 0.95 & 1 & 0.31 \\ 0.99 & 0.50 & 0.50 & 0.31 & 1 \end{bmatrix}$$

$$K'(DM_2) = \begin{bmatrix} 0 & 0.57 & 0.50 & 0.77 & 0.01 \\ 0.57 & 0 & 0.01 & 0.02 & 0.50 \\ 0.50 & 0.01 & 0 & 0.05 & 0.50 \\ 0.77 & 0.02 & 0.50 & 0 & 0.69 \\ 0.01 & 0.50 & 0.50 & 0.69 & 0 \end{bmatrix}$$

由以上结果可知，第一行数据相似度最小，即冲突度最大，则可得证据E_1为主要冲突证据。取冲突阈值$K'_t = 0.5$，则依此可将上述5条证据分为两组，即$G_1 = \{E_1, E_5\}$，$G_2 = \{E_2, E_3, E_4\}$，将$\{E_1, E_5\}$与$\{E_2, E_3, E_4\}$分别用D-S合成规则进行合成，得到G_1与G_2的初始基本概率分配函数：

$$m_{G_1} = (0, 0, 0.97, 0.03)$$

$$m_{G_2} = (0, 0, 0, 0.02, 0.98)$$

根据各证据组支持程度计算可得$\sigma(G_1) = 0.76$，$\sigma(G_2) = 0.94$，由此对m_{G_1}和m_{G_2}进行修正，得到：

$$m_{G_1}' = (0, 0, 0, 0.74, 0.02, 0.24)$$

$$m_{G_2}' = (0, 0, 0, 0.02, 0.92, 0.06)$$

对上述证据组利用式（4.13）进行合成，可得专家DM_2的综合信誉评估结果为：

$$m_{DM_2} = (0, 0, 0, 0.31, 0.52, 0.17)$$

结合其余各专家证据数量，依据式（4.14）可得出 $n_{m/2} = 3.5$，由此构建专家 DM_2 折扣系数 $\gamma_1(DM_2) = 0.7$，再结合式（4.15）得出修正后的专家信誉合成结果为：

$$m_{DM_2}{}' = (0, 0, 0, 0.33, 0.55, 0.12)$$

依据期望效用函数转化可得专家 DM_2 信誉测度 $R(DM_2) = 0.86$。

对于专家 DM_3，求得其各证据间的相似矩阵为：

$$S(DM_3) = \begin{bmatrix} 1 & 0.94 & 0.95 \\ 0.94 & 1 & 0.99 \\ 0.95 & 0.99 & 1 \end{bmatrix}$$

结合证据间相似度计算，各条证据间冲突极小。因此，对上述证据直接利用式（2.5）所示的 D-S 合成规则得出专家 DM_3 的信誉评估基本概率分配函数为：

$$m_{DM_3} = (0, 0, 0, 0.02, 0.98)$$

结合证据数量的修正结果为：

$$m_{DM_3}{}' = (0, 0, 0, 0.02, 0.84, 0.14)$$

依据期望效用函数转化可得专家 DM_3 的信誉测度 $R(DM_3) = 0.92$。

与上述过程类似，计算出其余专家的信誉测度值，汇总后的专家信息信誉值参见表8.4。

表8.4　专家信誉测度值

DM_2	DM_3	DM_6	DM_7	DM_8	DM_9	DM_{10}	DM_{12}
0.86	0.92	0.67	0.80	0.63	0.84	0.64	0.84

由效用函数分布可得专家信誉隶属于"较高"和"很高"的信誉值的范围为 $[0.75, 1]$，因此本章取0.75为阈值，依此得出专家 $\{DM_2, DM_3, DM_7, DM_9, DM_{12}\}$ 满足信誉遴选要求。

基于专家推荐行为，对上述专家的信誉进行修正。对于上述专家的推荐情况进行统计，可得出专家 $\{DM_3, DM_7, DM_{12}\}$ 推荐专家的信誉评估数据，结果详见表8.5。

表8.5　被推荐专家信誉评估信息

专家集	推荐专家数量	信誉评估结果
DM_3	3	$\{7.79, 8.67, 9.31\}$
DM_7	3	$\{8.97, 8.86, 9.10\}$
DM_{12}	1	$\{8.49\}$

将上述信息转化为识别框架下的基本概率分配函数，结果如表8.6所示。

表8.6 被推荐专家信誉基本概率分配

专家集	信誉评估结果
DM_3	$\{(H_3, 0.89), (H_4, 0.11)\};\{(H_4, 0.66), (H_5, 0.34)\};\{(H_4, 0.35), (H_5, 0.65)\}$
DM_7	$\{(H_4, 0.48), (H_5, 0.52)\};\{(H_4, 0.43), (H_5, 0.57)\};\{(H_4, 0.45), (H_5, 0.55)\}$
DM_{12}	$\{(H_4, 0.75), (H_5, 0.25)\}$

由此可计算出专家DM_3、DM_7、DM_{12}的信誉削弱系数$\varepsilon_1 = \varepsilon_2 = \varepsilon_3 = e^0 = 1$，进而可得专家最终信誉值为$\{0.86, 0.92, 0.80, 0.84, 0.84\}$。显然，专家最终信誉值均高于阈值，可得最终遴选出满足要求的专家集为$\{DM_2, DM_3, DM_7, DM_9, DM_{12}\}$。

结合上述方法运用的过程，可以得出满足领域契合、可靠性高的专家群体$\{DM_2, DM_3, DM_7, DM_9, DM_{12}\}$。其中，在第一轮遴选出的专家中，专家$DM_{10}$较之于专家$DM_9$而言领域契合度更高，更适合被遴选为评价专家；但在第二轮遴选中，由于其信誉测度值低于设定阈值，因此要将其从终选集中剔除。若像多数综合评价方法那样将契合度与信誉度置于同一层级进行综合考量，可能会出现部分高契合度弥补低信誉度或高信誉度弥补低契合度的情况出现，如专家DM_9的高契合度弥补了其低信誉度而造成其被遴选为最终参与决策的评价专家后，可能会导致决策活动开展困难和决策信息无参考意义等情况的出现。因而，本章采用逐级分层次遴选，如果专家的某一属性较低，即使其另一属性较高也不会被遴选为评价专家，以此降低决策风险。

同时，结合终选集中专家知识图谱搜寻其合作专家，并以领域契合为原则，分别为各评价专家构建候补集，若专家集$\{DM_2, DM_3, DM_7, DM_9, DM_{12}\}$中出现有专家因现实因素无法参与决策的情况，则可邀请其候补集专家进行替补。

8.2 DEMATEL中多源信息融合新方法在新能源汽车企业绩效影响因素分析中的应用

8.2.1 问题背景介绍

随着人们绿色低碳意识不断增强，新能源汽车作为低碳交通的一种重要工具，近年来得到了快速发展。目前，新能源汽车产业是一个充满机遇与挑战的产业。其一，随着科技进步加速、环保理念普及和政策支持力度加大，全球新能源汽车市场正迎来爆发式增长，为行业企业创造了前所未有的发展机遇；其二，各类资本也在新能源汽车产业快速集聚，新老品牌竞争日趋激烈，市场竞争呈白热化态势，技术迭代日新月异，新能源汽车生产企业在战略、运营、创新等环节稍有不慎，就会被市场竞争的时代洪流无情吞噬。

在我国"双碳"目标实现进程中，传统汽车纷纷向新能源汽车转型，我国已有超过 200 家企业从事新能源汽车整车生产，新能源汽车市场竞争异常激烈。在这种竞争环境中，由于新能源汽车企业具有投资金额大、运营成本高、政策导向性强、经营风险高、利益涉及面广等特点，其企业绩效一直是专家学者们关注的焦点。传统汽车企业在向新能源汽车企业转型过程中也面临着严峻的挑战，这不仅表现在管理水平的提升上，而且对企业的研发水平、业务流程再造等方面都有更高的要求。因此，如何提高新能源汽车企业绩效是企业界和学术界关注的一个热点问题。从学术界的研究进展看，虽然诸多学者就政府补贴、研发投入等因素对新能源汽车企业绩效的影响开展了研究，但研究中涉及的因素单一，且研究重点集中在对影响程度大小的衡量上，对影响因素的梳理不够全面。众所周知，企业绩效受多方面因素的综合影响，且因素之间关联关系复杂，诸多因素及其复杂关联关系构成了一个复杂系统，仅单一分析某一因素对绩效的影响缺乏对企业绩效的系统认知，因此，亟待对新能源汽车企业绩效予以系统的影响因素分析，以找出关键影响因素并给予重点关注。

A 企业是我国最先迈入新能源汽车领域的企业之一，在产能、研发及核心技术方面都具备行业领先优势。本章以该企业为例，对其企业绩效影响因素予以系统分析，从而找出该企业绩效的关键影响因素。

8.2.2　指标体系构建

A 企业致力于电池技术革新、充电网络升级和续航性能突破。随着技术的不断进步，电池成本高、充电速度慢和续航里程短等问题正在得到解决，这显著推动了该企业的创新发展。同时，政府在新能源汽车领域提供了各种激励政策和补贴措施，以促进新能源汽车的销售和使用，包括购买补贴、停车优惠、税收优惠、充电基础设施配套等，这对该企业的发展起到了积极的推动作用。随着新能源汽车的普及，充电基础设施建设也变得至关重要。A 企业在政府相关机构的决策支持下积极推动充电桩的建设，以满足用户的充电需求。同时，快速充电技术的发展也将进一步提高充电效率和改善用户体验。基于上述分析并结合该企业的发展现状，本章从以下

8个维度对该企业的绩效影响因素进行系统梳理。

8.2.2.1 政策和法规环境

政府的政策支持和法规环境对新能源汽车企业的发展和绩效起着至关重要的作用。激励政策、减税措施和购置补贴等可以促进新能源汽车的销售和推广，而适用的法规要求和排放标准可以影响企业的技术研发和产品的合规性。

8.2.2.2 技术研发和创新能力

新能源汽车企业需要具备强大的技术研发和创新能力，以开发先进的电池技术、动力系统、驱动技术和智能化功能等。企业的技术水平和创新能力直接影响其产品竞争力和市场份额。

8.2.2.3 供应链管理

在新能源汽车领域，供应链管理是一个重要的绩效影响因素。有效的供应链管理可以确保原材料供应、零部件采购和生产流程的高效运转，从而降低成本、提高产品质量并确保按时交付。

8.2.2.4 品牌和市场营销

良好的品牌形象和市场营销活动对于提高企业的销售额和市场份额至关重要。新能源汽车企业需要提供具有吸引力的产品，并积极推广其品牌价值和可持续发展的形象，以赢得消费者的信任和支持。

8.2.2.5 充电基础设施

充电基础设施的覆盖率和使用便捷性对新能源汽车企业的绩效具有重要影响。充电基础设施的建设水平直接影响车主充电的可用性和便利性，进而影响用户的购车决策和使用体验。

8.2.2.6 组织管理

组织管理水平对企业的运作和绩效起到重要作用。

8.2.2.7 成本控制和经济规模

降低成本是新能源汽车企业提高竞争力和盈利能力的关键。企业需要通过规模经济效应、供应链合作和成本管理来降低生产成本和运营成本，以提升绩效和利润。

8.2.2.8 产品和市场

新能源汽车企业面临激烈的国际竞争，需要通过了解市场需求和明确发展定位来制定市场策略。企业需要根据消费者的需求和市场趋势来研发和推出符合市场需求的产品，以保持竞争优势。

基于上述认知，加上深入的企业内部访谈，我们得出了政策补贴、研发投入、技术创新、物流供应、售后服务、品牌价值、市场营销、充电设施覆盖率、组织结构、管理效率、人员素质、产能规模、成本控制、产品质量、多样化产品、产品价格、市场竞争、市场需求等18个企业绩效相关的影响因素，详见表8.7。

表8.7　A企业绩效影响因素表

维度	因素
政策和法规环境	政策补贴(q_1)
技术研发和创新能力	研发投入(q_2)、技术创新(q_3)
供应链管理	物流供应(q_4)
品牌和市场营销	售后服务(q_5)、品牌价值(q_6)、市场营销(q_7)
充电基础设施	充电设施覆盖率(q_8)
组织管理	组织结构(q_9)、管理效率(q_{10})、人员素质(q_{11})
成本控制和经济规模	产能规模(q_{12})、成本控制(q_{13})
产品和市场	产品质量(q_{14})、多样化产品(q_{15})、产品价格(q_{16})、市场竞争(q_{17})、市场需求(q_{18})

8.2.3　方法应用

基于8.2.2所识别出的A企业绩效影响因素所涉及的专业领域，有针对性地邀请7位专家（记为e_1, e_2, ⋯, e_7）参与决策。7位专家分别为：A企业高管人员1位、企业法律顾问1位、技术人员1位、售后服务人员1位、研发人员1位、生产管理者1位、市场部高层1位。在充分交流、信息共享后结合新能源汽车发展现状，群组专家根据A企业的实际情况分别采用第四章和第五章所提出的不同决策情境对18个因素（q_1, q_2, ⋯, q_{18}）之间的影响关系做出了分析判断。

8.2.3.1　决策情境1：同类标度和差异粒度下的群组专家决策情境

同类标度和差异粒度下的决策情境并不预设唯一的评价粒度，专家在判断时可根据自身知识精度选择所偏好的评价粒度。为反映专家判断的不确定性，以第四章所提出的概率犹豫模糊语言标度作为群组专家的评价标度。在此情境下，运用第五章所提方法的具体因素分析过程如下。

首先，邀请群组专家（e_1, e_2, ⋯, e_7）使用差异粒度概率犹豫模糊语言术语给出影响因素q_1, q_2, ⋯, q_{18}间的直接影响关系矩阵X^k(k = 1, 2, ⋯, 7)。值得说明的是，限于篇幅，本章仅列出专家e_1给出的部分直接影响矩阵，如表8.8所示。其次，根据评价粒度的差异进行专家分组：e_1, $e_2 \in E_1$，选用的评价粒度为5；e_3, e_4, $e_5 \in E_2$，选用的评价粒度为7；$e_6, e_7 \in E_3$，选用的评价粒度为9；并构建语言层级（参见图8.1）。接下来，根据差异粒度概率犹豫模糊语言术语转化函数将直接影响矩阵$X^k(k = 1, 2, \cdots, 7)$转化为同一粒度下的概率犹豫模糊直接影响矩阵$X'^k = [x'^k_{uv}]_{n \times n}$，如表8.9所示。最后计算得分函数，将概率犹豫模糊直接影响矩阵$X'^k = [x'^k_{uv}]_{n \times n}$转化为实数矩阵$X'''^k = [x'''^k_{uv}]_{n \times n}$并计算出群组直接影响矩阵（详见表8.10），同时按照DEMATEL后续步骤分析计算综合影响矩阵（参见表8.11），并进行因素分析（参见表8.12）。

表8.8　专家e_1概率犹豫模糊直接影响关系矩阵

X^1	q_1	q_2	$\cdots$	q_{17}	q_{18}
q_1	0	$(s_4^5, 1)$	$\cdots$	$(s_0^5, 0.3),(s_1^5, 0.7)$	$(s_0^5, 1)$
q_2	$(s_0^5, 1)$	0	$\cdots$	$(s_1^7, 1),(s_1^7, 1)$	$(s_0^5, 0.5),(s_1^5, 0.5)$
$\vdots$	$\vdots$	$\vdots$	$\vdots$	$\vdots$	$\vdots$
q_{17}	$(s_1^5, 1)$	$(s_3^5, 0.5),(s_4^5, 0.5)$	$\cdots$	0	$(s_2^5, 0.4),(s_3^5, 0.6)$
q_{18}	$(s_3^5, 0.5),(s_4^5, 0.5)$	$(s_4^5, 1)$	$\cdots$	$(s_3^5, 0.5),(s_4^5, 0.5)$	0

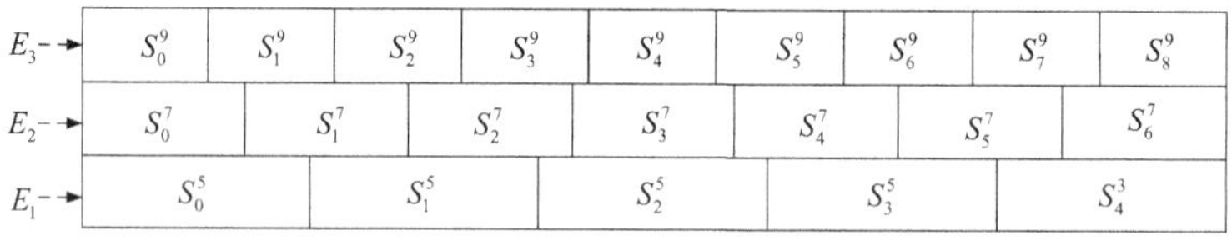

图8.1　情境1下的语言层级图

表8.9　专家e_1归一化概率犹豫模糊直接影响关系矩阵

X'^1	粒度为7的概率犹豫模糊语言术语
x'^1_{11}	0
x'^1_{12}	$(s_5^7, 1/2, 2/5), (s_6^7, 1/2, 1)$
$\vdots$	$\vdots$
$x'^1_{1, 17}$	$((s_0^7, 0.3/2, 1), (s_1^7, 0.3/2, 2/5))((s_1^7, 0.7/2, 3/5), (s_2^7, 0.7/2, 4/5))$
$x'^1_{1, 18}$	$(s_0^7, 1/2, 1), (s_1^7, 1/2, 2/5)$
$\vdots$	$\vdots$
$x'^1_{18, 1}$	$((s_4^7, 0.5/2, 4/5), (s_5^7, 0.5/2, 3/5))((s_5^7, 0.5/2, 2/5), (s_6^7, 0.5/2, 1))$
$x'^1_{18, 2}$	$(s_5^7, 1/2, 2/5), (s_6^7, 1/2, 1)$
$\vdots$	$\vdots$
$x'^1_{18, 17}$	$((s_4^7, 0.5/2, 4/5), (s_5^7, 0.5/2, 3/5))((s_5^7, 0.5/2, 2/5), (s_6^7, 0.5/2, 1))$
$x'^1_{18, 18}$	0

表8.10　情境1下群组直接影响关系矩阵

	q_1	q_2	q_3	q_4	q_5	q_6	...	q_{15}	q_{16}	q_{17}	q_{18}
q_1	0.000	5.445	3.576	2.204	1.411	4.731	...	3.556	3.332	1.568	1.772
q_2	0.015	0.000	6.887	1.690	2.259	4.031	...	4.117	6.848	1.903	0.390
q_3	0.346	5.022	0.000	0.862	3.099	5.764	...	4.437	6.191	4.158	2.238
q_4	0.045	1.461	0.475	0.000	1.761	5.825	...	0.808	4.592	3.419	1.117
q_5	0.412	2.461	0.190	2.152	0.000	5.589	...	0.474	4.916	4.497	2.258
q_6	0.567	3.853	0.739	0.028	1.531	0.000	...	0.414	4.674	4.254	2.738
⋮	⋮	⋮	⋮	⋮	⋮	⋮	⋮	⋮	⋮	⋮	⋮
q_{15}	0.246	5.636	1.487	0.762	2.581	4.497	...	0.000	2.394	4.456	4.899
q_{16}	0.442	1.625	0.085	0.369	0.121	4.230	...	0.710	0.000	5.564	5.375
q_{17}	2.468	4.053	4.044	2.143	1.588	4.300	...	6.542	6.362	0.000	2.811
q_{18}	4.750	4.420	6.242	3.627	2.289	3.361	...	5.568	5.233	5.222	0.000

表8.11　情境1下的综合影响矩阵

	q_1	q_2	q_3	q_4	q_5	q_6	...	q_{15}	q_{16}	q_{17}	q_{18}
q_1	0.023	0.137	0.089	0.068	0.067	0.151	...	0.097	0.133	0.105	0.084
q_2	0.020	0.069	0.127	0.058	0.076	0.140	...	0.099	0.180	0.111	0.069
q_3	0.027	0.137	0.045	0.051	0.088	0.165	...	0.108	0.178	0.143	0.095
q_4	0.018	0.071	0.038	0.035	0.060	0.143	...	0.049	0.131	0.110	0.063
q_5	0.021	0.075	0.033	0.055	0.030	0.131	...	0.039	0.124	0.114	0.069
q_6	0.022	0.091	0.040	0.028	0.048	0.055	...	0.038	0.118	0.107	0.072
⋮	⋮	⋮	⋮	⋮	⋮	⋮	⋮	⋮	⋮	⋮	⋮
q_{15}	0.026	0.135	0.064	0.050	0.077	0.139	...	0.049	0.118	0.135	0.117
q_{16}	0.028	0.078	0.040	0.041	0.041	0.125	...	0.053	0.078	0.141	0.119
q_{17}	0.061	0.144	0.108	0.081	0.085	0.173	...	0.149	0.201	0.112	0.119
q_{18}	0.095	0.161	0.145	0.109	0.103	0.178	...	0.150	0.205	0.191	0.092

表8.12　情境1下各因素的影响度、被影响度、中心度和原因度

因素	影响度	被影响度	中心度	中心度排序	原因度	原因度排序
q_1	1.627	0.606	2.234	15	1.021	1
q_2	1.617	1.795	3.412	6	−0.179	12
q_3	1.723	1.171	2.894	9	0.552	6
q_4	1.313	1.148	2.461	12	0.165	7
q_5	1.078	1.315	2.392	14	−0.237	13
q_6	1.006	2.384	3.389	7	−1.378	18
q_7	1.356	2.666	4.022	3	−1.310	17
q_8	1.539	0.861	2.400	13	0.678	4
q_9	0.901	0.766	1.667	18	0.135	9
q_{10}	1.476	0.737	2.213	16	0.738	3
q_{11}	1.299	0.731	2.030	17	0.568	5
q_{12}	1.636	2.037	3.674	5	−0.401	14
q_{13}	1.125	1.653	2.778	11	−0.528	15
q_{14}	1.636	1.500	3.136	8	0.137	8
q_{15}	1.498	1.364	2.862	10	0.135	10
q_{16}	1.333	2.384	3.717	4	−1.052	16
q_{17}	2.192	2.167	4.359	1	0.025	11
q_{18}	2.487	1.557	4.043	2	0.930	2

8.2.3.2　决策情境2：差异标度和差异粒度下的群组专家决策情境

在情境1的基础上，进一步减少对专家偏好表达的限制，群组专家可以同时自由选择偏好评价粒度和偏好评价标度。在此情境下，应用第六章所提出的差异标度和差异粒度下的群组DEMATEL方法开展应用。

首先，在专家判断时，根据自身决策偏好选择评价标度与评价粒度。受篇幅所限，本书仅给出部分专家评价的直接影响矩阵，具体参见表8.13。

表8.13　情境2下的直接影响矩阵数据

	e_1	⋯	e_3	⋯	e_5	⋯	e_7	⋯
a_1^k	0	⋯	$[0.00, 0.00]$	⋯	$[0.00, 0.00, 0.25]$	⋯	s_0	⋯
a_2^k	6	⋯	$[0.75, 1.00]$	⋯	$[0.50, 0.75, 1.00]$	⋯	s_4, s_5	⋯
a_3^k	5	⋯	$[0.50, 0.75]$	⋯	$[0.50, 0.75, 1.00]$	⋯	s_4, s_5	⋯
a_4^k	3	⋯	$[0.00, 0.25]$	⋯	$[0.00, 0.25, 0.50]$	⋯	s_4	⋯
a_5^k	6	⋯	$[0.75, 1.00]$	⋯	$[0.25, 5.00, 0.75]$	⋯	s_6	⋯
⋮	⋮	⋮	⋮	⋮	⋮	⋮	⋮	⋮
a_{321}^k	8	⋯	$[0.75, 1.00]$	⋯	$[0.50, 0.75, 1.00]$	⋯	s_5, s_6	⋯
a_{322}^k	7	⋯	$[0.50, 0.75]$	⋯	$[0.75, 1.00, 1.00]$	⋯	s_5	⋯
a_{323}^k	6	⋯	$[0.25, 0.50]$	⋯	$[0.50, 0.75, 1.00]$	⋯	s_5	⋯
a_{324}^k	0	⋯	$[0.00, 0.00]$	⋯	$[0.00, 0.00, 0.25]$	⋯	s_0	⋯

其次，依据6.4节的步骤3将差异标度和差异粒度下的直接影响矩阵转化为有序序列，如表8.14所示。

表8.14　情境2下的直接影响矩阵排序表

	e_1	e_2	e_3	e_4	e_5	e_6	e_7
a_1^k	9	8	5	5	5	5	10
a_2^k	3	3	1	2	2	1	5
a_3^k	4	3	2	3	2	2	5
a_4^k	6	6	4	3	4	2	6
⋮	⋮	⋮	⋮	⋮	⋮	⋮	⋮
a_{321}^k	1	1	1	1	2	2	2
a_{322}^k	2	3	2	2	1	3	3
a_{323}^k	3	3	3	4	2	4	3
a_{324}^k	9	8	5	5	5	5	10

然后，根据6.4节中的步骤4获得群组专家有序序列 $E_3=E_2>E_4>E_1$，由序列聚合模型计算群组专家直接影响矩阵中各元素间的相对影响强度，结果如表8.15所示。

表8.15　情境2下的群组直接影响矩阵中元素间的相对影响强度

	q_1	q_2	q_3	⋯	q_{16}	q_{17}	q_{18}
q_1	0.0006	0.0061	0.0043	⋯	0.0043	0.0020	0.0012
q_2	0.0005	0.0006	0.0100	⋯	0.0100	0.0017	0.0006
q_3	0.0006	0.0100	0.0006	⋯	0.0100	0.0062	0.0020
⋮	⋮	⋮	⋮	⋮	⋮	⋮	⋮
q_{16}	0.0005	0.0019	0.0006	⋯	0.0006	0.0100	0.0100
q_{17}	0.0020	0.0062	0.0042		0.0121	0.0006	0.0029
q_{18}	0.0062	0.0062	0.0100		0.0126	0.0062	0.0006

接着，将表8.15相对影响强度规范化为群组直接影响矩阵，如表8.16第1-5列所示。

表8.16　情境2下的群组直接影响矩阵、综合影响矩阵

群组直接影响矩阵					综合影响矩阵				
0	0.0056	⋯	0.0014	0.0006	0.0090	0.0920	⋯	0.0650	0.0390
0.0000	0	⋯	0.0014	0.0000	0.0050	0.0410	⋯	0.0750	0.0420
0.0000	0.009	⋯	0.0056	0.0014	0.0070	0.1400	⋯	0.1250	0.0610
⋮	⋮	⋮	⋮	⋮	⋮	⋮	⋮	⋮	⋮
0.0000	0.0014	⋯	0.0095	0.0095	0.0120	0.0550	⋯	0.155	0.133
0.0014	0.0056	⋯	0	0.0024	0.0260	0.1140	⋯	0.088	0.085
0.0056	0.0056	⋯	0.0056	0	0.0720	0.1300	⋯	0.156	0.067

最后，按照DEMATEL后续步骤计算出综合影响矩阵（参见表8.16第6-10列），并得出如表8.17所示的各因素的中心度与原因度。

表8.17 情境2下各因素的影响度、被影响度、中心度和原因度

因素	影响度	被影响度	中心度	中心度排序	原因度	原因度排序
q_1	1.049	0.253	1.302	15	0.796	2
q_2	1.095	1.145	2.240	6	−0.050	13
q_3	1.284	0.704	1.988	9	0.581	3
q_4	0.700	0.645	1.345	14	0.055	9
q_5	0.699	0.723	1.421	12	−0.024	12
q_6	0.507	1.765	2.272	5	−1.258	18
q_7	0.866	2.064	2.930	3	−1.198	17
q_8	0.898	0.473	1.370	13	0.425	6
q_9	0.473	0.250	0.723	18	0.223	7
q_{10}	0.866	0.393	1.260	16	0.473	5
q_{11}	0.768	0.269	1.037	17	0.499	4
q_{12}	0.840	1.342	2.181	7	−0.502	15
q_{13}	0.628	1.079	1.707	11	−0.451	14
q_{14}	1.011	1.019	2.030	8	−0.008	11
q_{15}	0.962	0.917	1.879	10	0.045	10
q_{16}	1.112	1.800	2.912	4	−0.688	16
q_{17}	1.699	1.589	3.287	1	0.110	8
q_{18}	1.988	1.017	3.005	2	0.971	1

综上所述，两种决策情境下的中心度排序如表8.18所示。

表8.18 两种不同决策情境下系统因素中心度排序

情境1	$q_{17}>q_{18}>q_7>q_{16}>q_{12}>q_2>q_6>q_{14}>q_3>q_{15}>q_{13}>q_4>q_8>q_5>q_1>q_{10}>q_{11}>q_9$
情境2	$q_{17}>q_{18}>q_7>q_{16}>q_6>q_2>q_{12}>q_{14}>q_3>q_{15}>q_{13}>q_5>q_8>q_4>q_1>q_{10}>q_{11}>q_9$

由表8.18可知，情境2与情境1相比，只有4个系统因素的中心度发生了变化，其余因素的位置未发生变化。这是因为，随着决策情境的变化，专家在判断时的犹豫模糊度发生了改变，具体表现在系统因素间影响强度的偏好调整上，进而对最终

分析结果产生了影响。从整体稳定的中心度排序来看，对A企业绩效影响相对最大的因素为市场竞争(q_{17})，其次分别为市场需求(q_{18})、市场营销(q_7)、产品价格(q_6)。因此，首先，A企业应对外部环境中的竞争对手予以高度重视，在同行竞争中突出产品的竞争优势；其次，要深入了解市场需求，根据市场需求的变化及时优化产品生产方案；接着，A企业也要持续做好市场营销工作，包括但不限于召开产品发布会、开展促销活动等；最后，A企业的决策者要合理定价产品，按照市场竞争态势及时调整产品价格，持续取得市场竞争优势。

在两种不同决策情境下，系统原因因素及结果因素的排序详见表8.19。

表8.19　两种不同决策情境下系统原因因素及结果因素的排序

情境	原因因素	结果因素
情境1	$q_1 > q_{18} > q_{10} > q_8 > q_{11} > q_3 > q_4 > q_{14} > q_9 > q_{15} > q_{17}$	$q_2 > q_5 > q_{12} > q_{13} > q_{16} > q_7 > q_6$
情境2	$q_{18} > q_1 > q_3 > q_{11} > q_{10} > q_8 > q_9 > q_{17} > q_4 > q_{15}$	$q_{14} > q_5 > q_2 > q_{13} > q_{12} > q_{16} > q_7 > q_6$

从表8.19可以看出，产品质量(q_{14})在情境1中为原因因素，而在情境2中为结果因素。虽然其他原因因素和结果因素在不同情境下均未发生变化，但在不同情境下部分原因因素的排序发生了变化。这是因为，计算结果中部分因素的原因度数值差距较小，虽然部分因素的排序有所变化，但整体数值保持稳定状态。从因果关系来看，政府补贴(q_1)、市场需求(q_{18})、人员素质(q_{11})、管理效率(q_{10})、技术创新(q_3)为排序靠前的原因因素，通过影响其他因素进而对企业绩效产生较大影响。因此，首先，A企业决策者不仅应实时关注政府补贴政策的调整，也要紧跟市场需求，做好市场预测与研判，根据市场需求及时调整企业生产经营战略；其次，A企业内部要按时培训员工，做好优秀人才的引进和培养工作，不断提升企业人员的专业素质和业务能力，从而提高企业管理效率和效能；再次，A企业应重点关注技术创新，加大研发投入，持续提升技术创新能力。

为进一步验证本书所提方法的科学合理性，在这一小节中将通过扩大样本数量与考虑专家多样性偏好的方式进行对比分析。首先，将前面所述邀请的7位专家的主观偏好进行深化，基于专家在实际问题分析过程中可能出现的差异化评估态度，设置一个主观偏好动态变化区间，分别为［乐观，…，中立，…，悲观］。在此基础上，邀请专家给出差异化的判断结果并进行后续的关键因素辨识工作（分别在前面所述的两种情境下进行）。在情境1和情境2中，专家在不同的主观偏好下（给定范围内）给出的10组数据的DEMATEL分析结果如图8.2至图8.5所示。

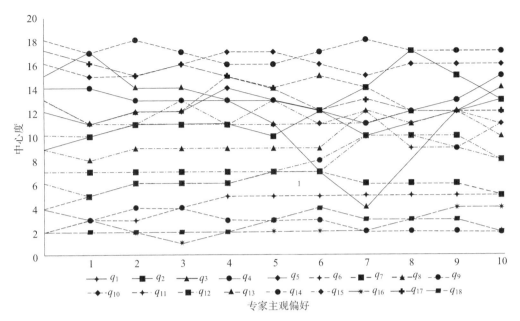

图8.2　情境1下各因素中心度随专家主观偏好变化而变化的趋势图

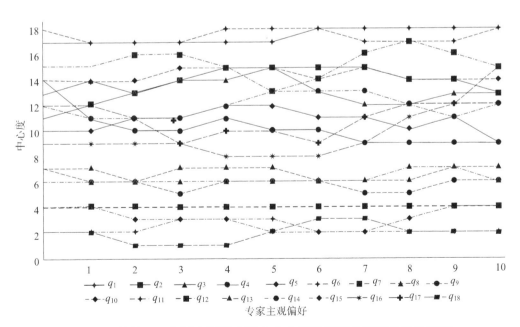

图8.3　情境1下各因素原因度随专家主观偏好变化而变化的趋势图

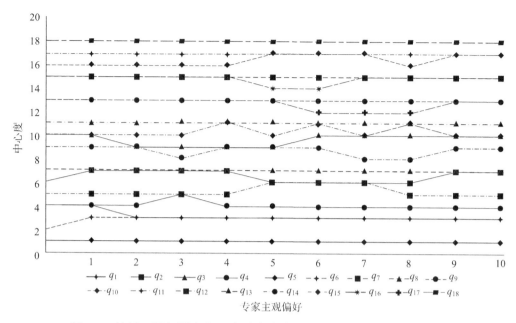

图8.4 情境2下各因素中心度随专家主观偏好变化而变化的趋势图

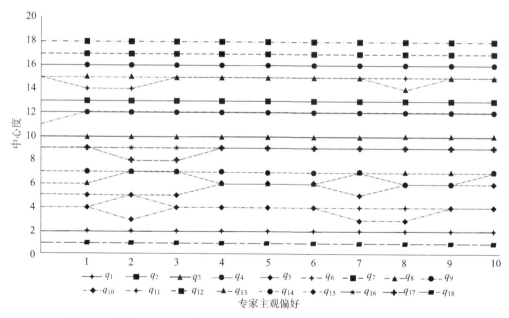

图8.5 情境2下各因素原因度随专家主观偏好变化而变化的趋势图

由图8.2至图8.5不难看出，随着专家主观偏好的变化，其DEMATEL方法的关键因素辨识结果也呈现出明显的变化，这不仅验证了本研究所提的两种针对不同情境的方法具有较高的灵敏度，而且验证了专家不同的偏好和表达理解程度都能够对分析结果产生重要影响。本书采用多组样本数据验证了所提方法的科学可行性，避免了仅采用一组数据验证的模型因存在"幸存者偏差"而对分析结果的有效性产生怀疑。

8.3　考虑中心度与原因度内在属性关联的 DEMATEL新方法在废弃电子产品回收问题中的应用

8.3.1　案例背景介绍

随着我国"双碳"目标的深入推进，社会各界逐渐认识到，实现碳中和不仅需要从源头减少碳排放，还需要构建高效的资源循环利用体系。循环经济通过优化物质流和能源流，显著降低了全生命周期的碳排放，已成为产业减排的重要路径之一。作为世界上最大的电子产品生产和消费国，我国电子产品的生产和消费规模占全球规模的40%，且预计未来还会持续增长。然而，目前我国的废旧电子产品回收再利用产业发展相对滞后，废弃产品回收不规范、回收处理中的环保等问题仍较为严重，导致我国废弃电子产品的回收利用率过低，同时，废弃电子产品处理不当所产生的碳排放问题也逐渐显现。有学者指出，到2030年我国废弃电子产品回收再利用率将达到85%，较原生开采生产可减少近2200万吨碳排放，对"双碳"目标的实现具有极大的推动作用。因此，推动废旧电子产品的回收再利用对助力我国如期实现"双碳"目标具有重要且深远的意义。

废弃电子产品回收再利用产业的发展受到多阶段、多维度因素的复合影响。要实现该产业的健康发展，不仅需要综合考虑多维度的因素，而且要有的放矢地抓住核心要素。通过管控关键要素，在避免资源浪费的同时，尽可能保证投入产出最大化，从而促进电子产品回收再利用产业的高质量发展。另外，虽然废弃电子产品回收再利用过程涵盖了多个阶段、多个维度的因素，但是这些因素并非相互独立，而是存在着明显的匹配、属性关联等复杂关系，因此，需要系统地分析相关因素的复杂关系，精准施策，从而减少废弃电子产品回收造成的环境污染。从时序维度分析，废弃电子产品回收再利用产业的三个主要阶段（废弃电子产品回收、回收电子产品拆解处理、拆解物再制造），本质上也存在相互影响、相互制约的强反馈关系。一方面，拆解技术的成熟程度与拆解成本（属于回收电子产品拆解处理阶段）的高低将影响再制品价格与再制品质量（属于拆解物再制造阶段），而再制品价格又将反向对消费者回收意愿与回收价格（属于废弃电子产品回收阶段）产生反馈制约。另一方面，废弃电子产品的回收价格也会对拆解技术和拆解后的后续处理方式产生重要影响。

由上述分析可知，废弃电子产品回收再利用产业不同于其他产业，其不仅在主要回收流程上存在相互关联的关系，而且在子因素间同样具备复杂的依存、反馈关系。同样，本书第七章所提的方法不但在IDR矩阵构造过程中考虑到了因素间存在的复杂关系，还在计算中心度与原因度时，进一步探讨了属性间的反馈影响机制，同时从两个层面（初始信息输入及计算流程优化）和方法运作逻辑上加强了对复杂系统中因素相互作用关系的分析。在该案例中，所选取的3个维度下共10个因素也能够验证本研究所提方法可解决现实问题中存在的指数灾难问题（通常8个因素就可以造成指数灾难的出现）。有限理性和专家偏好的引入更是提升了属性关系判断的准确度，使得后续DEMATEL关键因素辨识分析所得到的结果具备较高的借鉴意义。

综上所述，为帮助决策者对废弃电子产品回收再利用产业进行合理规划建设，下面应用第七章所提出的考虑中心度和原因度属性关联的DEMATEL新方法对废弃电子产品回收再利用的多阶段因素进行结构相关性分析，为该产业的高质量发展提供相关建议，从而助力我国"双碳"目标的如期实现。

8.3.2 影响因素识别

通过查阅相关最新文献[200-204]和走访调研相关企业负责人和员工，我们构建了包含回收流程、拆解处理流程、再制造流程以及宏微观环境4个维度的分析框架，最终提炼出影响废弃电子产品回收再利用产业发展的十大核心要素（参见图8.6）。

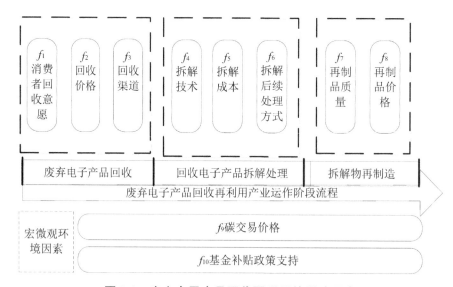

图8.6　废弃电子产品回收再利用的影响因素

8.3.2.1　回收流程

废旧电器电子产品的回收一般是指对个人或企业需要丢弃的电子产品进行收集、分类、暂存和运输，最终将废弃电子产品以一定价格交售给处理企业的活动。主要包括以下三个影响因素：

（1）消费者回收意愿（f_1）。废弃电子产品回收利用率的提高离不开电子产品消费者的支持，消费者自身回收意识和驱动力的强弱决定了回收活动的成功与否。据最近我国的闲置电子产品调查报告显示，六成的消费者有一到三款旧电子产品，近四成的消费者有三款以上的旧电子产品，且大部分都处于闲置状态。造成这种局面的一个主要原因是消费者大多认为卖了价值不高，但扔了又太可惜。另外，由于消费者电子产品回收意识淡薄，认为废弃电子产品只能丢弃处理，或是不清楚回收处理渠道等。事实上，无论消费者随意丢弃处理还是图方便将废弃电子产品送到不规范的回收渠道处理，都将对环境造成严重危害。由此可见，提高消费者的回收意愿对于促进该产业健康发展至关重要。

（2）回收价格成本（f_2）。废旧电子产品回收再利用产业同样受到社会经济市场规律的影响，价格差会使得消费者流向回收价格高的一方。因此，在确保回收处理规范的同时应该尽可能降低成本，保证废弃电子产品回收再利用产业的健康、绿色和可持续发展。

（3）回收渠道（f_3）。废弃电子产品回收渠道可以分为正规渠道和非正规渠道，非正规渠道的电子产品回收鱼龙混杂，存在欺骗消费者、回收处理不规范等隐患，而正规回收渠道对于消费者来说往往存在不够方便、回收价格较低等问题。因此，应加强对正规回收渠道的扩张和规范化建设，减少废弃电子产品的运输、处理成本，提高回收价格，实现市场的良币驱逐劣币，让正规渠道回收逐步取代非正规渠道回收。

8.3.2.2　拆解处理流程

废弃电子产品回收后会被运输到相关处理企业，这些企业会对废弃电子产品进行物理拆解、化学处理，使拆解后的材料恢复本身价值特性的同时不会造成环境危害，且能够被再利用生产新的产品。主要包括如下三个影响因素：

（1）拆解过程处理技术（f_4）。随着技术的迭代更新，我国废弃电子产品拆解处理方式也被多种先进技术赋能，自动化水平显著提升，机械化程度持续提高，流水线作业模式优化升级，智能化废弃电子产品处理系统释放了人力劳动，提高了拆解处理效率和质量。但是，目前大部分废弃电子产品拆解处理企业仍然以人力手工与简单机械化拆解相结合的方式进行处理，同时，相关拆解处理规范不够完善，导致拆解成本较高，造成了额外的碳排放。

（2）拆解成本（f_5）。受社会经济市场规律的影响，废弃电子产品拆解的成本会影响废弃电子产品的回收市场和再制造销售市场。因此，在确保拆解处理规范的同时应该尽可能降低成本，确保拆解企业能够自负盈亏。

（3）拆解后续处理方式（f_6）。废弃电子产品被拆解后并非直接再利用，而是需要对其进行科学的分类，然后针对不同的类别采取相应的处理措施，比如对一些可回收物的处理应该尽可能地提高资源利用率，尽可能恢复其本身价值，而对于不可回收物应该把重点放在对拆解物的无害化处理上，以减少环境污染。

8.3.2.3 再制造流程

再制造是以产品全生命周期理论为指导，按照低能耗、低污染、低排放的原则，以高效和优质为标准，创新技术为手段，通过产业化生产方式，对废弃电子产品进行修复、改造的一系列技术措施以及工作活动的总称。主要包括如下两个影响因素：

（1）再制品质量（f_7）。再制品作为直接售卖给消费者的商品，其质量要求相对较高，消费者不可避免地对旧材料改造的产品缺乏信任，如果商品质量不过关，那么其造成的消费者信任危机将较一般商品更严重。再制品的质量标准是决定废弃电子产品回收再利用产业价值能否实现的关键因素。

（2）再制品价格（f_8）。再制品价格同样影响着市场规模，不同的定价策略对应不同的运作模式，显然低价格再制品在情理上更能被消费者接受。

8.3.2.4 宏微观环境

废弃电子产品回收再利用产业的发展不可避免地受到宏微观环境的影响，因此要充分利用宏微观环境优势，促进该产业的绿色低碳发展。主要包括如下两个影响因素：

（1）政策支持（f_9）。废弃电子产品的回收再利用越来越受到政府关注，政府陆续出台了多种基金补贴政策来鼓励废弃电子产品回收企业发展，显然同一政策对废弃电子产品回收再利用的不同情境的激励效果不一样，因此要因地制宜，制定科学的政策。

（2）碳交易价格（f_{10}）。废弃电子产品的拆解和再制造过程会产生大量的碳排放，制定合理的碳交易价格可以帮助政府控制相关企业的不环保生产行为，促进废弃电子产品回收再利用产业健康可持续发展。

8.3.3　方法应用

针对8.3.2筛选出的影响废弃电子产品回收再利用产业发展的因素，我们邀请了"双碳"领域研究人员以及废弃电子产品回收企业的相关工作人员共5位专家，他们分别被记为：E_1、E_2、E_3、E_4、E_5。按照上一章所提出的考虑中心度和原因度内在属性关联的DEMATEL新方法实现步骤，对我国废弃电子产品回收再利用产业的相关影响因素进行系统分析，并结合我国当前废弃电子产品回收再利用企业发展现状，有针对性地提出相关对策建议。具体过程如下：

（1）邀请5位专家（3位复杂决策和环保领域专家、1位电子产品回收企业部门主管和1位电子产品回收企业一线技术人员）结合自身经验和专业知识对筛选出的10个因素分别进行因素之间的直接影响关系判断，在集成5位专家判断结果的基础上，得出如表8.20所示的DEMATEL因素直接影响矩阵D'。

表8.20　因素直接影响矩阵D'

D'	f_1	f_2	f_3	f_4	f_5	f_6	f_7	f_8	f_9	f_{10}
f_1	0.00	3.00	2.00	1.00	1.50	1.00	2.00	2.00	2.00	0.00
f_2	3.00	0.00	2.00	1.00	2.00	2.00	2.00	3.00	2.00	0.00
f_3	2.00	2.00	0.00	3.00	3.00	3.00	3.00	2.00	2.00	0.00
f_4	1.00	2.00	2.00	0.00	4.00	3.00	3.00	3.00	0.00	3.00
f_5	2.00	3.00	1.00	2.00	0.00	2.00	2.00	3.00	2.00	0.00
f_6	2.00	3.00	2.00	2.00	1.00	0.00	4.00	4.00	2.00	2.00
f_7	2.00	2.00	1.00	2.00	1.00	0.00	0.00	3.00	2.00	0.00
f_8	1.50	2.00	1.00	2.00	1.50	3.00	3.50	0.00	2.00	0.00
f_9	3.00	3.00	3.00	2.00	2.00	2.00	2.00	2.00	0.00	2.00
f_{10}	1.00	2.00	2.00	3.00	3.00	2.50	1.00	3.00	2.00	0.00

（2）先规范化直接影响矩阵，再计算得到反映该现实问题的综合影响矩阵T'，结果参见表8.21。

（3）推理各个因素所对应的中心度和原因度的属性关联关系。在综合影响矩阵T'的基础上，按7.2.2部分步骤5推理出各因素所对应的中心度和原因度的属性关联关系。

表 8.21　因素综合影响矩阵 T'

T'	f_1	f_2	f_3	f_4	f_5	f_6	f_7	f_8	f_9	f_{10}
f_1	0.157	0.292	0.206	0.182	0.197	0.204	0.269	0.278	0.212	0.055
f_2	0.287	0.214	0.226	0.205	0.235	0.264	0.302	0.344	0.235	0.064
f_3	0.274	0.315	0.173	0.298	0.261	0.325	0.369	0.347	0.251	0.082
f_4	0.252	0.335	0.257	0.213	0.349	0.349	0.388	0.410	0.202	0.189
f_5	0.254	0.323	0.193	0.240	0.165	0.267	0.304	0.349	0.234	0.068
f_6	0.299	0.376	0.268	0.290	0.251	0.246	0.432	0.448	0.278	0.156
f_7	0.229	0.259	0.172	0.218	0.183	0.224	0.200	0.315	0.211	0.061
f_8	0.233	0.284	0.189	0.238	0.217	0.296	0.352	0.239	0.230	0.070
f_9	0.327	0.370	0.299	0.283	0.281	0.311	0.351	0.369	0.197	0.154
f_{10}	0.245	0.324	0.254	0.311	0.310	0.323	0.309	0.393	0.259	0.084

（4）邀请专家在分析各因素相互影响关系(D', T')的基础上，结合自身经验知识对各内在属性的性质特征（Shapely重要系数和否决系数）进行成对比较，形成中心度和原因度内在属性的DMCCPI，结果见表8.22和表8.23。

（5）基于上面分析判断得到DMCCPI属性关联特征信息，结合式（7.2）求解最符合专家偏好的中心度和原因度内在属性Shapely重要系数和否决系数，结果见表8.24。

表 8.22　属性相对 Shapely 重要系数矩阵

C	C_1	C_2	C_3	C_4	C_5	C_6	C_7	C_8	C_9	C_{10}
C_1	0.50	0.40	0.40	0.50	0.40	0.30	0.45	0.60	0.50	0.70
C_2	0.60	0.50	0.55	0.40	0.40	0.50	0.60	0.70	0.55	0.70
C_3	0.60	0.45	0.50	0.40	0.60	0.60	0.60	0.70	0.60	0.70
C_4	0.50	0.60	0.60	0.50	0.60	0.50	0.55	0.70	0.65	0.70
C_5	0.60	0.60	0.40	0.40	0.50	0.40	0.35	0.65	0.60	0.50
C_6	0.70	0.50	0.40	0.50	0.60	0.50	0.45	0.60	0.50	0.60
C_7	0.55	0.40	0.40	0.45	0.65	0.55	0.50	0.70	0.60	0.65
C_8	0.40	0.30	0.30	0.30	0.35	0.40	0.30	0.50	0.40	0.40
C_9	0.50	0.45	0.40	0.35	0.40	0.50	0.40	0.60	0.50	0.60
C_{10}	0.30	0.30	0.30	0.30	0.50	0.40	0.35	0.60	0.40	0.50

表8.23　属性相对否决系数矩阵

C	C_1	C_2	C_3	C_4	C_5	C_6	C_7	C_8	C_9	C_{10}
C_1	0.50	0.47	0.48	0.50	0.53	0.47	0.47	0.5	0.51	0.53
C_2	0.53	0.50	0.52	0.50	0.52	0.53	0.52	0.53	0.54	0.54
C_3	0.52	0.48	0.50	0.48	0.53	0.49	0.50	0.52	0.53	0.53
C_4	0.50	0.50	0.52	0.50	0.49	0.49	0.50	0.53	0.53	0.53
C_5	0.47	0.48	0.47	0.51	0.50	0.49	0.50	0.52	0.53	0.52
C_6	0.53	0.48	0.51	0.51	0.51	0.50	0.52	0.53	0.53	0.52
C_7	0.53	0.48	0.50	0.50	0.50	0.48	0.50	0.52	0.53	0.52
C_8	0.50	0.47	0.48	0.47	0.48	0.47	0.48	0.50	0.50	0.50
C_9	0.49	0.46	0.47	0.47	0.47	0.47	0.47	0.50	0.50	0.50
C_{10}	0.47	0.46	0.47	0.47	0.48	0.48	0.48	0.50	0.50	0.50

表8.24　各内在属性 Shapely 重要系数及否决系数

C	C_1	C_2	C_3	C_4	C_5
Shapely	0.085	0.116	0.129	0.142	0.094
Veto	0.489	0.531	0.514	0.517	0.511
C	C_6	C_7	C_8	C_9	C_{10}
Shapely	0.111	0.113	0.056	0.086	0.061
Veto	0.526	0.510	0.469	0.476	0.467

（6）将上述属性特征参数代入式（7.3）求解各属性（集）模糊测度，结果见表8.25。

表8.25　各属性（集）模糊测度

$m\{T\}$	取值	$m\{T\}$	取值	$m\{T\}$	取值
$m\{C_1\}$	0.09010	$m\{C_1,C_6\}$	0.0299	$m\{C_3,C_5\}$	0.011696
$m\{C_2\}$	0.00250	$m\{C_1,C_7\}$	−0.0005	$m\{C_3,C_6\}$	0.020320
$m\{C_3\}$	0.14070	$m\{C_1,C_8\}$	−0.0113	$m\{C_3,C_7\}$	−0.002900
$m\{C_4\}$	0.17490	$m\{C_1,C_9\}$	−0.0311	$m\{C_3,C_8\}$	−0.010100
$m\{C_5\}$	0.02166	$m\{C_1,C_{10}\}$	−0.0214	$m\{C_3,C_9\}$	−0.026100
$m\{C_6\}$	0.00540	$m\{C_2,C_3\}$	0.0241	$m\{C_3,C_{10}\}$	−0.015900

续表8.25

$m\{T\}$	取值	$m\{T\}$	取值	$m\{T\}$	取值
$m\{C_7\}$	0.09300	$m\{C_2, C_4\}$	0.0166	$m\{C_4, C_5\}$	0.021600
$m\{C_8\}$	0.07700	$m\{C_2, C_5\}$	0.0450	$m\{C_4, C_6\}$	0.040400
$m\{C_9\}$	0.16130	$m\{C_2, C_6\}$	0.0542	$m\{C_4, C_7\}$	0.018700
$m\{C_{10}\}$	0.10990	$m\{C_2, C_7\}$	0.0291	$m\{C_4, C_8\}$	0.006200
$m\{C_1, C_2\}$	0.03010	$m\{C_2, C_8\}$	0.0158	$m\{C_4, C_9\}$	−0.001500
$m\{C_1, C_3\}$	−0.00810	$m\{C_2, C_9\}$	0.0055	$m\{C_4, C_{10}\}$	0.000000
$m\{C_1, C_4\}$	−0.01550	$m\{C_2, C_{10}\}$	0.0081	$m\{C_5, C_6\}$	0.005400
$m\{C_5, C_8\}$	0.01450	$m\{C_5, C_9\}$	0.0059	$m\{C_5, C_{10}\}$	0.005700
$m\{C_6, C_7\}$	0.09300	$m\{C_6, C_8\}$	−0.0014	$m\{C_6, C_9\}$	−0.016200
$m\{C_6, C_{10}\}$	−0.00480	$m\{C_7, C_8\}$	0.0770	$m\{C_7, C_9\}$	−0.024800
$m\{C_7, C_{10}\}$	−0.01520	$m\{C_8, C_9\}$	−0.0248	$m\{C_8, C_{10}\}$	−0.015200
$m\{C_9, C_{10}\}$	−0.03150	—	—	—	—

（7）根据式（7.5）～（7.8），在考虑中心度和原因度的内在属性的关联关系的基础上，求解各因素的中心度和原因度，结果如表8.26所示。

表8.26　各因素中心度和原因度

F	f_1	f_2	f_3	f_4	f_5
中心度	0.4685	0.5424	0.5040	0.5384	0.4906
排序	9	5	7	3	8
原因度	−0.0493	−0.0532	0.0559	0.0492	−0.0072
排序	7	8	3	4	6
F	f_6	f_7	f_8	f_9	f_{10}
中心度	0.5836	0.5327	0.5933	0.53392	0.3983
排序	2	6	1	4	10
原因度	0.0193	−0.1090	−0.1098	0.0766	0.1921
排序	5	9	10	2	1

（8）根据各因素中心度和原因度绘制因果关系图（参见图8.7），并进行关键因素分析。

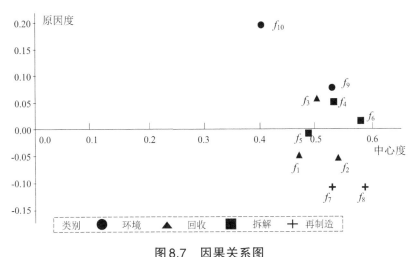

图8.7 因果关系图

从图8.7可以看出，碳交易价格(f_{10})是原因度最大的因素，说明该因素对废弃电子产品回收再利用产业的发展具有较强的原始驱动作用，意味着对该因素的控制和调整能够有效地驱动该产业发展。在"双碳"战略目标引领下，废弃电子产品回收再利用产业正在成为我国绿色低碳转型的关键支撑领域，该产业的高质量发展将产生显著的协同减碳效应。科学制定碳交易价格，可以帮助优秀绿色废弃电子产品回收企业实现盈利；对碳排放严重的企业进行限制，可以促进整个产业提升绿色技术利用水平，规范回收制造流程。另外，该因素的中心度最小，说明该因素不易受到其他因素的影响，稳定性较强，决策者可以适当降低对该因素的持续关注，集中精力改善其他因素。

拆解后续处理方式(f_6)因素为中心度排名第二的原因因素，说明改善该因素既可以驱动产业向好发展，也可以与其他因素产生联动效果。决策者应该持续关注废弃电子产品拆解的后续处理方式，因为该因素易受其他因素影响，该因素状态的变化意味着其他因素状态的改变，决策者可以通过了解废弃电子产品后续处理方式的变化来推测整个产业的发展现状。同时，该因素作为一个原因因素，决策者应该对废弃电子产品拆解的后续处理方式进行科学规范，通过技术创新实现"降本增效"与"绿色转型"。类似的因素还有回收渠道(f_3)、拆解过程处理技术(f_4)、政策支持(f_9)，它们都属于原因度大于0的原因因素，同时还具有较高的中心度，对废弃电子产品回收再利用产业的健康发展具有重要作用，需要下一步重点关注。

再制品价格(f_8)因素为中心度最大的结果因素，说明该因素极易受到其他因素的影响且驱动其他因素的能力较差，意味着该因素的稳定性较低，决策者难以直接对该因素进行改善，说明该因素对产业的驱动发展程度不足，但是该因素的状态可以帮助决策者推断其他因素的变化情况。决策者可以通过持续监控再制品价格，对每次的价格变化进行原因追溯，并采取相应的措施。例如，当再制品价格迅速升高时，意味着再制品企业原有价格无法盈利，可能是再制品企业提升了产品质量，也可能是拆解成本上升，还可能是回收价格降低等。决策者可通过持续监控再制品价格，整体把握废弃电子产品回收再利用产业的发展态势。类似的因素还有回收成本价格(f_2)因素和再制品质量(f_7)因素，通过监控这些因素的状态变化和分析其变化原因，有助于为政府相关管理部门优化产业政策提供关键思路。

结合上述分析结果，本书对废弃电子产品回收再利用产业的绿色、可持续发展提出一些针对性建议。

（1）政府应针对不同类型的企业采取差异化的碳定价机制。针对环保、规范的电子产品回收再制造企业，政府可以采取低碳价进行鼓励和扶持，从而使企业在碳惩罚成本可控的条件下有更大的动力进行绿色技术创新，以提高减排效率和回收的利用率，实现企业自身盈利的同时促进产业绿色可持续发展。针对非正规、污染的电子产品回收再制造企业，政府应采取高碳价进行约束和惩罚，让市场能够对不规范、不环保的高污染企业进行自主淘汰，从而改善产业竞争环境。

（2）政府应制定规范合理的回收处理流程指导细则，加强对废弃电子产品回收商的资格审查，逐步实现回收渠道的正规统一化；建立并完善废弃电子产品回收线上平台，让居民的回收意愿得到迅速回应；健全相应的监督、举报机制，保证消费者废弃电子产品回收的切实利益；鼓励更多社会力量参与监督管理，对不正规的回收处理活动进行处罚，增强消费者对回收企业的信任。

（3）政府应加强废弃电子产品回收再利用政策文件的执行力度，让相关企业以此为风向标进行变革。社会各界需积极倡导绿色产品消费观，强化消费者对废弃电子产品回收再利用环境价值、经济和社会价值的系统认知，在对废弃电子产品回收再利用的具体实际意义进行宣传的基础上，让消费者认识到回收处理的价值所在，帮助消费者转变废弃电子产品处理思维，提高废弃电子产品回收成功率。

8.4 本章小结

为了进一步验证本书所提复杂系统DEMATEL决策新方法的有效性和科学性，

本章将构建的新方法应用于以下实际问题的研究：

（1）城市水资源治理问题研究。对S市常年遭受城市内涝影响的背景情况进行概述，在确定S市发展制约因素指标体系后，利用构建的复杂系统DEMATEL专家遴选模型，采用逐级分层次遴选方法对制约S市海绵城市建设的影响因素进行系统分析，从中找出关键制约因素，并制定提升S市海绵城市建设成效的对策。

（2）新能源汽车企业绩效影响因素研究。以实际问题A新能源汽车企业绩效影响因素分析为应用背景，针对两种决策情境（一是不预设评价粒度，专家自主选择贴合自身知识精度的评价粒度，即同类标度和差异粒度下的群组专家决策情境；二是进一步减少对专家偏好表达的限制，不预设评价粒度和评价标度，专家根据自身偏好自由选择信息表达方式，即差异标度和差异粒度下的群组专家决策情境）采用第五章、第六章所提出的同类标度和差异粒度下的混合式群组DEMATEL决策方法与差异标度和差异粒度下的混合式群组DEMATEL决策方法进行系统因素分析和结果分析，找出影响该企业绩效管理的关键因素，从而助力企业实现高质量发展。

（3）废弃电子产品回收问题研究。在"双碳"目标下，为助力决策者制定废弃电子产品回收再利用产业高质量发展的相关政策，首先筛选出影响废弃电子产品回收再利用产业发展的主要因素，之后采用第七章所提的考虑中心度和原因度属性关联的DEMATEL新方法的决策步骤对我国废弃电子产品回收再利用产业的相关影响因素进行结构相关性分析，并结合我国当前废弃电子产品回收再利用的发展现状，因地制宜地为决策者提供切实可行的对策建议。

通过以上三种案例研究，本章所提新方法的具体步骤和应用过程变得更加清晰，在方法的使用过程中并未遇到任何难题，说明所构建的复杂系统DEMATEL新方法具有较强的实践应用可操作性。

第9章 结论与展望

9.1 结 论

本书以DEMATEL方法为研究对象，梳理了目前关于专家遴选机制、多源信息融合机制，以及考虑中心度与原因度关联关系的相关文献和DEMATEL方法的最新研究成果，剖析了现存DEMATEL方法在专家遴选机制、多源信息融合机制、考虑中心度与原因度关联关系方面的缺陷，创新性地提出了四种复杂系统DEMATEL决策新方法。

第一，复杂系统DEMATEL专家遴选模型。从专家遴选算法研究、考虑领域契合度的专家遴选以及考虑评价可靠性的专家遴选三个方面对相关研究进行分析，发现现有DEMATEL研究在决策专家的遴选上存在对邀请专家的标准解释不足以及缺乏清晰的遴选机制两个严重缺陷。为弥补以上缺陷，本书提出了专家领域与信誉两个具体的遴选准则，以领域契合和高信誉为原则，通过多层次遴选的方式构建了完整的复杂系统DEMATEL专家遴选模型。结合某建筑企业在建筑施工过程中安全事故发生的风险因素分析算例，验证了所提方法在现实实践中是可行和有效的。

第二，同类标度和差异粒度下的混合式群组DEMATEL决策方法。本书详细介绍了传统群组DEMATEL方法的计算步骤，并从不同决策情境的角度出发分析了传统群组DEMATEL方法的不足之处，即决策者预设的评价粒度和评价标度与专家判断偏好不匹配，且对于差异专家判断矩阵的信息集成具有一定技术局限性。为了解决以上问题，本书将概率犹豫模糊语言术语集引入群组DEMATEL方法中，借鉴语言层级方法的思想定义了差异粒度概率犹豫模糊语言术语转化函数，实现了群组专家语言粒度的统一，并定义了带有隶属度的概率犹豫模糊语言术语得分函数，将群组专家的判断转化为传统群组DEMATEL方法可处理的数据形式，提出同类标度和差异粒度下的混合式群组DEMATEL决策方法。之后，将此方法用于企业创新能力影响因素分析，验证了该方法的实践应用可行性。

第三，差异标度和差异粒度下的混合式群组DEMATEL决策方法。在对传统群组DEMATEL方法进行阐述的基础上，指出现有DEMATEL决策方法存在专家偏好与既定规则不匹配的问题。针对此问题，本书借鉴排序理论思想，将直接影响矩阵转化为影响强度有序序列，实现了差异标度和差异粒度下多专家分别构建的直接影响矩阵中元素的内涵一致，引入有序优先法中的线性规划模型处理已有强度有序序列，从动态调整专家权重和有序序列中元素相对影响强度的新思路实现了专家信息聚合，提出了能够兼容群组专家多元评价标度和打分粒度的差异标度和差异粒度下的群组DEMATEL决策方法。最后，以新能源汽车企业投资决策影响因素分析为算例，验证了该方法在实践应用中的初步可行性。

第四，考虑中心度和原因度属性关联的DEMATEL新方法。针对现有相关研究决策者偏好输入困难，决策者偏好输入方式不够灵活，缺乏误差修正机制，且对属性关联关系的细化程度不足的问题，本书从关联信息的间接诱导推理思想出发，构建出中心度、原因度内在属性间关联关系的科学推理模型，基于模型推理出精确、合理的关联关系，提出考虑中心度、原因度内在属性关联的DEMATEL新方法。在此基础上，将所提方法应用于电子产品制造企业的原材料供应商选择中，算例运算没有遇到障碍，说明该方法在实践应用中是可行的。

将本书所提出的新方法用于城市水资源治理、新能源汽车企业绩效影响因素分析和废弃电子产品回收等问题中，分析得到关键影响因素。通过在实际案例中的应用说明了本书所提方法在现实问题的应用过程中具有较强的可操作性，在实际复杂决策中具备可行性。通过以上理论研究和案例分析，本书有效解决了DEMATEL方法在专家遴选中对邀请专家解释不足以及缺乏清晰的遴选机制、决策者预设的评价粒度和评价标度与专家判断偏好不匹配、对中心度和原因度内在属性关联关系的推理不够精确且未考虑决策者的有限理性的问题，使传统方法在复杂系统决策问题中具有更广泛的适用性。

9.2　展　望

本书基于专家信誉测度与可靠性分析的思想，提出了一个较为全面的复杂系统

DEMATEL专家遴选模型；基于概率犹豫模糊语言术语集和语言层级理论，提出了同类标度和差异粒度下的混合式群组DEMATEL决策方法；基于排序理论和有序序列思想，提出了差异标度和差异粒度下的混合式群组DEMATEL决策方法；结合Choquet积分、最优线性规划等方法，借鉴专家偏好信息诱导推理理论的相关思路，提出了基于中心度和原因度内在属性关联的DEMATEL决策新方法。尽管本书相较以往的专家遴选研究有所创新，提升了DEMATEL方法的实际可操作性，所提的新方法也更符合现实的复杂决策情境，但仍存在诸多不足之处，后续研究可以从以下三方面进一步完善。

第一，本书提出的复杂系统DEMATEL专家遴选模型，考虑到以往的专家信誉测度对于部分项目评价或项目决策经历较少的专家反映程度不够。本书对于专家信誉的测度主要以项目信誉积累的思想展开，但是对于部分项目参与经历较少的专家而言，较少的信息量并不能完全反映该专家的信誉水平；在专家遴选过程中仅考虑了专家领域和信誉两个方面，虽然基本实现了高质量专家遴选的要求，但不可否认设定更多的遴选准则可使得遴选专家集更具精确化；在专家遴选过程中也未考虑专家个人社会关系对于其决策行为的影响，专家间社会关系往往较为密切，则在不完备决策情形下通过专家交流补全不完备评价信息，有利于决策活动的开展，但若参与决策的专家与决策活动组织者有着复杂关联关系，专家可能受其影响而给出偏差较大的评价信息，故如何在复杂多变的社会经济环境中公平、公正地合理遴选评价专家仍然需要进一步深入研究。

第二，本书提出的同类标度和差异粒度下的混合式群组DEMATEL决策方法和差异标度和差异粒度下的混合式群组DEMATEL决策方法虽然对专家判断可选择的评价粒度与评价标度逐步减少限制，但是未考虑同一专家选择多种评价标度的决策情境。如某专家对10个系统的因素影响关系进行判断，但是该专家对前5个因素间的影响关系的判断较为明确，因此以实数的方式予以反映。由于判断过程中的模糊性及不确定性，该专家对后5个因素间的影响关系以INs的形式给出。该情境下，同一直接影响矩阵中数据类型不同，如何进行数量内涵的统一以及群组意见的聚合还需进一步深入研究。

第三，本书提出的考虑中心度和原因度内在属性关联的DEMATEL决策新方法，虽然在一定程度上解决了专家有限理性和参数指数灾难问题，但仍然不可避免地需要专家少量主观偏好信息的知识输入。实际决策中，专家的知识经验各不相同，这就意味着该方法仍存在一定的不确定性，其结果的准确性也会受到影响。然而，目前具备高度准确性与客观性的大数据信息作为当前时代发展的重要驱动力，正是完善本研究所提方法的途径之一。虽然本书所提方法从专家有限理性的角度提升了主观信息输入的质量，但是仍然缺乏能够反映客观事物发展现状与趋势的客观数据，得出的分析结果也会因"完全主观"的方法存在内在缺陷而缺乏可靠性。因此，如何在本书内容的基础上，进一步将具备较高稳定性的客观数据引入该方法成为下一个需要关注的关键问题。此外，本书提出的方法虽然通过属性关联关系推理模型在一定程度上缓解了专家"有限理性"考虑不足的问题，但是整个方法的应用过程相对复杂，实际应用中应开发相应的软件辅助决策。因此，为进一步提升 DEMATEL 新方法的应用成效，在管理实践中可通过开发相应的人机交互软件、搭建操作平台等方式便捷地开展专家判断、中心度与原因度的计算以及引入大量客观数据等工作，从而辅助科学决策，增强方法的推广应用价值。

参考文献

［1］FONTELA E，GABUS A. DEMATEL: Progress achieved ［J］. Futures，1974，6 （4）:563-630.

［2］ACUÑA-CARVAJAL F，PINTO-TARAZONA L，LÓPEZ-OSPINA H，et al. An integrated method to plan，structure and validate a business strategy using fuzzy DEMATEL and the balanced scorecard ［J］. Expert Systems with Applications，2019，122: 351-368.

［3］TAN W K，KUO C Y. Prioritization of facilitation strategies of park and recreation agencies through DEMATEL analysis ［J］. Asia Pacific Journal of Tourism Research，2014，19(8): 859-875.

［4］岳仁田，李君尉，韩亚雄. 基于决策试行与评价实验室-Choquet积分的航班运行风险评价 ［J］. 科学技术与工程，2020，20（33）: 13936-13941.

［5］崔强，武春友，匡海波. 基于RBF-DEMATEL的交通运输低碳化能力影响因素研究 ［J］. 科研管理，2013，34（10）: 131-137.

［6］SUN Y H，HAN W，DUAN W C. Review on research progress of DEMATEL algorithm for complex systems ［J］. Control and Decision，2017，32(3): 385-392.

［7］ZHANG X，SU J. A combined fuzzy DEMATEL and TOPSIS approach for estimating participants in knowledge-intensive crowdsourcing ［J］. Computers & Industrial Engineering，2019，137: 106085.

［8］VARDOPOULOS I. Critical sustainable development factors in the adaptive reuse of urban industrial buildings. A fuzzy DEMATEL approach ［J］. Sustainable Cities and Society，2019，50: 101684.

［9］CHANG C C，CHEN P Y. Analysis of critical factors for social games based on extended technology acceptance model: A DEMATEL approach ［J］. Behaviour & Information Technology，2018，37(8): 774-785.

［10］YAZDI M, NEDJATI A, ZAREI E, et al. A novel extension of DEMATEL approach for probabilistic safety analysis in process systems ［J］. Safety Science, 2020, 121: 119−136.

［11］ABDULLAH L, ZULKIFLI N, LIAO H, et al. An interval-valued intuitionistic fuzzy DEMATEL method combined with Choquet integral for sustainable solid waste management ［J］. Engineering Applications of Artificial Intelligence, 2019, 82: 207−215.

［12］MAHMOUDI S, JALALI A, AHMADI M, et al. Identifying critical success factors in Heart Failure Self-Care using fuzzy DEMATEL method ［J］. Applied Soft Computing, 2019, 84: 105729.

［13］SI S L, YOU X Y, LIU H C, et al. DEMATEL technique: A systematic review of the state-of-the-art literature on methodologies and applications［J］. Mathematical Problems in Engineering, 2018, 2018(1): 3696457.

［14］SU C M, HORNG D J, TSENG M L, et al. Improving sustainable supply chain management using a novel hierarchical grey-DEMATEL approach ［J］. Journal of Cleaner Production, 2016, 134: 469−481.

［15］WANG L, CAO Q, ZHOU L. Research on the influencing factors in coal mine production safety based on the combination of DEMATEL and ISM ［J］. Safety Science, 2018, 103: 51−61.

［16］MENG X, CHEN G, ZHU G, et al. Dynamic quantitative risk assessment of accidents induced by leakage on offshore platforms using DEMATEL−BN ［J］. International Journal of Naval Architecture and Ocean Engineering, 2019, 11(1): 22−32.

［17］SONG W, ZHU Y, ZHAO Q. Analyzing barriers for adopting sustainable online consumption: A rough hierarchical DEMATEL method ［J］. Computers & Industrial Engineering, 2020, 140: 106279.

［18］YADEGARIDEHKORDI E, HOURMAND M, NILASHI M, et al. Influence of big data adoption on manufacturing companies' performance: An integrated DEMATEL-ANFIS approach ［J］. Technological Forecasting and Social Change, 2018, 137: 199−210.

［19］DU Y W, LI X X. Hierarchical DEMATEL method for complex systems ［J］. Expert Systems with Applications, 2021, 167: 113871.

［20］DYTCZAK M, GINDA G. Is explicit processing of fuzzy direct influence evaluations in DEMATEL indispensable?［J］. Expert Systems with Applications, 2013, 40

（12）：5027-5032.

［21］SHENG L, GU Z, CHANG F. A novel integration strategy for uncertain knowledge in group decision-making with artificial opinions: A DSFIT-SOA-DEMATEL approach［J］. Expert Systems with Applications, 2024, 243: 122886.

［22］CHEN Z, MING X, ZHANG X, et al. A rough-fuzzy DEMATEL-ANP method for evaluating sustainable value requirement of product service system［J］. Journal of Cleaner Production, 2019, 228: 485-508.

［23］HAN W, SUN Y H, XIE H, et al. Hesitant fuzzy linguistic group DEMATEL method with multi-granular evaluation scales［J］. International Journal of Fuzzy Systems, 2018, 20: 2187-2201.

［24］WU C H, TSAI S B J. Using DEMATEL-based ANP model to measure the successful factors of E-commerce［J］. Journal of Global Information Management（JGIM）, 2018, 26（1）: 120-135.

［25］KUMAR A, DIXIT G. An analysis of barriers affecting the implementation of e-waste management practices in India: A novel ISM-DEMATEL approach［J］. Sustainable Production and Consumption, 2018, 14: 36-52.

［26］AMIRI A S, TORABI S A, TAVANA M. An assessment of the prominence and total engagement metrics for ranking interdependent attributes in DEMATEL and WINGS［J］. Omega, 2025, 130: 103176.

［27］王伟明，徐海燕，朱建军. 区间信息下的大规模群体DEMATEL决策方法［J］. 系统工程理论与实践, 2021, 41（6）: 1585-1597.

［28］GEORGE-UFOT G, QU Y, ORJI I J. Sustainable lifestyle factors influencing industries' electric consumption patterns using Fuzzy logic and DEMATEL: The Nigerian perspective［J］. Journal of Cleaner Production, 2017, 162: 624-634.

［29］ZHOU Q, HUANG W, ZHANG Y. Identifying critical success factors in emergency management using a fuzzy DEMATEL method［J］. Safety Science, 2011, 49（2）: 243-252.

［30］LI L, XU K, YAO X, et al. A method for the core accident chain based on fuzzy-DEMATEL-ISM: An application to aluminium production explosion［J］. Journal of Loss Prevention in the Process Industries, 2024, 92: 105414.

［31］CHEN Z, LU M, MING X, et al. Explore and evaluate innovative value propositions for smart product service system: A novel graphics-based rough-fuzzy DEMATEL method[J]. Journal of Cleaner Production, 2020, 243: 118672.

[32] ZHANG Y, ZHANG Z, DENG Y, et al. A biologically inspired solution for fuzzy shortest path problems[J]. Applied Soft Computing, 2013, 13(5): 2356-2363.

[33] PANDEY M, LITORIYA R, PANDEY P. Indicators of ai in automation: An evaluation using intuitionistic fuzzy DEMATEL method with special reference to Chat GPT [J]. Wireless Personal Communications, 2024, 134(1): 445-465.

[34] XIE H, DUAN W, SUN Y, et al. Dynamic DEMATEL group decision approach based on intuitionistic fuzzy number [J]. Telkomnika (Telecommunication Computing Electronics and Control), 2014, 12(4): 1064-1072.

[35] FU X M, WANG N, JIANG S S, et al. A research on influencing factors on the international cooperative exploitation for deep-sea bioresources based on the ternary fuzzy DEMATEL method[J]. Ocean & Coastal Management, 2019, 172: 55-63.

[36] KIANI MAVI R, STANDING C. Cause and effect analysis of business intelligence(BI) benefits with fuzzy DEMATEL[J]. Knowledge Management Research & Practice, 2018, 16(2): 245-257.

[37] LIU Z, MING X, SONG W. A framework integrating interval-valued hesitant fuzzy DEMATEL method to capture and evaluate co-creative value propositions for smart PSS[J]. Journal of Cleaner Production, 2019, 215: 611-625.

[38] NALBANT K G. A methodology for personnel selection in business development: An interval type 2-based fuzzy DEMATEL-ANP approach [J]. Heliyon, 2024, 10 (1): e23698.

[39] CUI L, CHAN H K, ZHOU Y, et al. Exploring critical factors of green business failure based on Grey-Decision Making Trial and Evaluation Laboratory (DEMATEL) [J]. Journal of Business Research, 2019, 98: 450-461.

[40] WEI D, LIU H, SHI K. What are the key barriers for the further development of shale gas in China? A grey-DEMATEL approach[J]. Energy Reports, 2019, 5: 298-304.

[41] SHAO J, TAISCH M, ORTEGA-MIER M. A grey-DEcision-MAking Trial and Evaluation Laboratory (DEMATEL) analysis on the barriers between environmentally friendly products and consumers: practitioners' viewpoints on the European automobile industry[J]. Journal of Cleaner Production, 2016, 112: 3185-3194.

［42］CHU-HUA L, SUN-WENG H, MEI-TING H, et al. Improving the poverty-alleviating effects of bed and breakfast tourism using Z-DEMATEL［J］. International Journal of Fuzzy Systems, 2023, 25(5): 1907-1921.

［43］KILIC H S, YALCIN A S. Comparison of municipalities considering environmental sustainability via neutrosophic DEMATEL based TOPSIS［J］. Socio-Economic Planning Sciences, 2021, 75: 100827.

［44］ASAN U, KADAIFCI C, BOZDAG E, et al. A new approach to DEMATEL based on interval-valued hesitant fuzzy sets［J］. Applied Soft Computing, 2018, 66: 34-49.

［45］JIANG S, SHI H, LIN W, et al. A large group linguistic Z-DEMATEL approach for identifying key performance indicators in hospital performance management［J］. Applied Soft Computing, 2020, 86: 105900.

［46］BOZDAG E, ASAN U, SOYER A, et al. Risk prioritization in failure mode and effects analysis using interval type-2 fuzzy sets［J］. Expert Systems with Applications, 2015, 42(8): 4000-4015.

［47］LI C C, DONG Y, HERRERA F, et al. Personalized individual semantics in computing with words for supporting linguistic group decision making. An application on consensus reaching［J］. Information Fusion, 2017, 33: 29-40.

［48］HERRERA F, MARTÍNEZ L. A 2-tuple fuzzy linguistic representation model for computing with words［J］. IEEE Transactions on Fuzzy Systems, 2000, 8(6): 746-752.

［49］TAMURA H, AKAZAWA K. Stochastic DEMATEL for structural modeling of a complex problematique for realizing safe, secure and reliable society［J］. Journal of Telecommunications and Information Technology, 2005(4): 139-146.

［50］MICHNIK J. Weighted Influence Non-linear Gauge System (WINGS) — An analysis method for the systems of interrelated components［J］. European Journal of Operational Research, 2013, 228(3): 536-544.

［51］CHEN C Y, TZENG G H, HUANG J J. Generalized DEMATEL technique with centrality measurements［J］. Technological and Economic Development of Economy, 2018, 24(2): 600-614.

［52］李春好, 陈维峰, 苏航, 等. 尖锥网络分析法［J］. 管理科学学报, 2013, 16(10): 11-24.

［53］章玲, 周德群, 高岩, 等. 基于DEMATEL和Choquet积分的文明城市测评

方法研究［J］.科研管理，2012，33（9）：71-77.

［54］CEBI S. A quality evaluation model for the design quality of online shopping websites［J］. Electronic Commerce Research and Applications，2013，12(2)：124-135.

［55］周德群，章玲.集成DEMATEL/ISM的复杂系统层次划分研究［J］.管理科学学报，2008，11（2）：20-26.

［56］李春好，李孟姣，田硕.属性集容量确定的夹挤式测度模式及其推算模型［J］.中国管理科学，2018，26（3）：117-125.

［57］KRISHNAN A R，KASIM M M，BAKAR E M N E A. A short survey on the usage of Choquet integral and its associated fuzzy measure in multiple attribute analysis［J］. Procedia Computer Science，2015，59: 427-434.

［58］WU Y，WU C，ZHOU J，et al. A DEMATEL-TODIM based decision framework for PV power generation project in expressway service area under an intuitionistic fuzzy environment［J］. Journal of Cleaner Production，2020，247: 119099.

［59］霍晨鹏.科技专家遴选系统关键技术研究与实现［D］.广州：华南理工大学，2020.

［60］SUN Y H，MA J，FAN Z P，et al. A hybrid knowledge and model approach for reviewer assignment［J］. Expert Systems with Applications: An International Journal，2008，34(2): 817-824.

［61］LIN C T，TSAI M C. Development of an expert selection system to choose ideal cities for medical service ventures［J］. Expert Systems with Applications，2009，36（2）: 2266-2274.

［62］LEE C H，KIM Y H，RHEE P K. Web personalization expert with combining collaborative filtering and association rule mining technique［J］. Expert Systems with Applications，2001，21(3): 131-137.

［63］张高明，张善从.一种改进的组合策略评审专家推荐算法［J］.科技管理研究，2021，41（1）：175-180.

［64］BOK K，LIM J，YANG H，et al. Social group recommendation based on dynamic profiles and collaborative filtering［J］. Neurocomputing，2016，209(12): 3-13.

［65］LINDEN G，SMITH B，YORK J. Industry report: Amazon. com recommendations: Item-to-item collaborative filtering［J］. IEEE Distributed Systems Online，2003，4(1): 76-80.

[66] PUJAHARI A, PADMANABHAN V. Group recommender systems: combining User-User and Item-Item collaborative filtering techniques[C]//IEEE. Proceedings of 2015 international conference on information technology (ICIT). New York: IEEE, 2015: 148-152.

[67] 杜方, 宣琦, 吴铁军. 基于相似度传播的复杂网络间节点匹配算法 [J]. 信息与控制, 2011, 40 (3): 331-337+342.

[68] 唐佳丽. 面向科技评审中专家回避的人物社会关系分析方法研究 [D]. 南昌: 华东交通大学, 2016.

[69] 张雯, 张仰森, 周炜翔, 等. 领域科研项目评审专家推荐算法 [J]. 计算机工程与设计, 2021, 42 (6): 1787-1794.

[70] 李海峰. 科技项目管理中的同行专家遴选方法研究 [J]. 项目管理技术, 2012, 10 (4): 73-76.

[71] 蒲姗姗. 基于知识互补的科研合作专家推荐模型研究 [J]. 情报理论与实践, 2018, 41 (8): 96-101.

[72] KARIMZADEHGAN M, ZHAI C X. Integer linear programming for Constrained Multi-Aspect Committee Review Assignment[J]. Information Processing & Managem-ent, 2012, 48(4):725-740.

[73] 赵静, 郭鹏, 朱煜明. 面向复杂产品系统项目评价专家遴选方法研究 [J]. 运筹与管理, 2013, 22 (3): 122-131.

[74] KANT V, BHARADWAJ K K. Enhancing recommendation quality of content-based filtering through collaborative predictions and fuzzy similarity measures[J]. Procedia Engineering, 2012, 38: 939-944.

[75] 彭本红, 孙绍荣, 张文健. 研讨厅中专家意见的可靠性研究 [J]. 系统工程理论方法应用, 2004 (4): 343-346.

[76] 吴坚, 梁昌勇, 李绩才. 群决策中专家决策意见的可靠性研究 [J]. 合肥工业大学学报 (自然科学版), 2009, 32 (3): 366-368.

[77] 徐林生, 王执铨, 戴跃伟. 评审专家可信度评价模型及应用 [J]. 南京理工大学学报 (自然科学版), 2010, 34 (1): 30-34.

[78] 高鑫, 杨如艳, 官晓飞, 等. 葡萄酒评酒专家评价的可信度量化模型及应用 [J]. 云南农业大学学报 (自然科学版), 2014, 29 (2): 235-240.

[79] 梁樑, 熊立, 王国华. 一种群决策中确定专家判断可信度的改进方法 [J].

系统工程，2004（6）：91-94.

［80］杜元伟，杨宁，陈群，等.兼顾重要性与可靠性的科学基金项目绩效评价方法［J］.中国海洋大学学报（社会科学版），2018（4）：70-78.

［81］朱卫东，刘芳，王东鹏.科学基金项目立项评估：综合评价信息可靠性的多指标证据推理规则研究［J］.中国管理科学，2016，24（10）：141-148.

［82］ZHANG Z G，HU X，LIU Z T，et al. Multi-attribute decision making: An innovative method based on the dynamic credibility of experts［J］. Applied Mathematics and Computation，2021，393: 1-18.

［83］赵亚娟.专家群评价结果可信度分析与检验［J］.中国科学技术大学学报，2016，46（2）：165-172.

［84］WU H H，TSAI Y N. A DEMATEL method to evaluate the causal relations among the criteria in auto spare parts industry［J］. Applied Mathematics and Computation，2011，218(5): 2334-2342.

［85］黄琳，宋文燕，王丽亚，等.一种集成粗糙云与DEMATEL的产品服务需求排序与分类方法［J］.工业工程与管理，2022，27（2）：158-166.

［86］TZENG G H，HUANG C Y. Combined DEMATEL technique with hybrid MCDM methods for creating the aspired intelligent global manufacturing & logistics systems［J］. Annals of Operations Research，2012，197(1): 159-190.

［87］LI H，WANG W，FAN L，et al. A novel hybrid MCDM model for machine tool selection using fuzzy DEMATEL，entropy weighting and later defuzzification VIKOR［J］. Applied Soft Computing，2020，91: 106207.

［88］LIAO H，XU Z. Approaches to manage hesitant fuzzy linguistic information based on the cosine distance and similarity measures for HFLTSs and their application in qualitative decision making［J］. Expert Systems with Applications，2015，42(12): 5328-5336.

［89］ATANASSOV K T. On intuitionistic fuzzy sets theory［M］. Berlin: Springer，2012.

［90］孙永河，黄子航，李阳.DEMATEL复杂因素分析算法最新进展综述［J］.计算机科学与探索，2022，16（3）：541-551.

［91］CHEN Z，BEN-ARIEH D. On the fusion of multi-granularity linguistic label sets in group decision making［J］. Computers & Industrial Engineering，2006，51(3): 526-541.

［92］陈秀明.基于差异粒度犹豫模糊语言信息的群推荐方法研究［D］.合肥：合肥工业大学，2017.

［93］DONG Y，LI C C，XU Y，et al. Consensus-based group decision making under multi-granular unbalanced 2-tuple linguistic preference relations［J］. Group Decision and Negotiation，2015，24：217-242.

［94］程书利.基于区间直觉差异粒度语言的多属性群决策方法［D］.大连：大连理工大学，2017.

［95］马艳芳，赵媛媛，冯翠英，等.多粒度概率语言TODIM方法在垃圾回收APP评价中的应用［J］.系统科学与数学，2021，41（12）：3530-3547.

［96］HAN W，SUN Y. Improving multi-granular group DEMATEL method based on extended hierarchical linguistic model［J］. Journal of Frontiers of Computer Science & Technology，2019，13(1)：169-172.

［97］HERRERA F，MARTINEZ L，SÁNCHEZ P J. Managing non-homogeneous information in group decision making［J］. European Journal of Operational Research，2005，166(1)：115-132.

［98］曾雪兰，李正义.不确定多属性群决策中混合信息的集结［J］.数学的实践与认识，2010，40（24）：92-98.

［99］WANG J H，HAO J. A new version of 2-tuple fuzzy linguistic representation model for computing with words［J］. IEEE Transactions on Fuzzy Systems，2006，14(3)：435-445.

［100］张永政，耿秀丽，孙绍荣.考虑不完全语义信息的风险型供应商选择方法［J］.工业工程与管理，2015，20（6）：145-151.

［101］黄必佳，韦灼彬.自适应语义表达丰富度的群决策方法［J］.系统工程与电子技术，2019，41（3）：594-600.

［102］黄海燕，刘晓明.基于个人区间复合标度的一致决策模型［J］.系统工程理论与实践，2018，38（8）：2079-2087.

［103］YUAN J，LUO X，LI Y，et al. Multi criteria decision-making for distributed energy system based on multi-source heterogeneous data［J］. Energy，2022，239: 122250.

［104］XU J，WAN S P，DONG J Y. Aggregating decision information into Atanassov's intuitionistic fuzzy numbers for heterogeneous multi-attribute group decision making［J］. Applied Soft Computing，2016，41: 331-351.

［105］WAN S，DONG J. Decision making theories and methods based on interval-valued intuitionistic fuzzy sets［M］. Singapore: Springer，2020.

［106］MAO R J，YOU J X，DUAN C Y，et al. A heterogeneous MCDM framework for sustainable supplier evaluation and selection based on the IVIF-TODIM method［J］. Sustainability，2019，11(18): 5057−5059.

［107］CHENG J，FENG Y，LIN Z，et al. Anti-vibration optimization of the key components in a turbo-generator based on heterogeneous axiomatic design［J］. Journal of Cleaner Production，2017，141: 1467−1477.

［108］CHEN W，WANG X，WANG W，et al. A heterogeneous GRA-CBR-based multi-attribute emergency decision-making model considering weight optimization with dual information correlation［J］. Expert Systems with Applications，2021，182: 115208.

［109］FEI L，FENG Y，WANG H. Modeling heterogeneous multi-attribute emergency decision-making with Dempster-Shafer theory［J］. Computers & Industrial Engineering，2021，161: 107633.

［110］YANG X，XU Z，XU J. Large-scale group Delphi method with heterogeneous decision information and dynamic weights［J］. Expert Systems with Applications，2023，213: 118782.

［111］KUMAR G，BHUJEL R C，AGGARWAL A，et al. Analyzing the barriers for aquaponics adoption using integrated BWM and fuzzy DEMATEL approach in Indian context［J］. Environmental Science and Pollution Research，2023，30(16): 47800−47821.

［112］YAZDI M，KHAN F，ABBASSI R，et al. Improved DEMATEL methodology for effective safety management decision-making［J］. Safety science，2020，127: 104705.

［113］王伟明，邓潇，徐海燕. 基于三维密度算子的群体DEMATEL指标权重确定方法［J］. 中国管理科学，2021，29（12）：179−190.

［114］韩玮，谢晖，段万春. 考虑准则依赖的风险型多准则决策新方法［J］. 计算机工程与应用，2017，53（7）：9−14.

［115］刘宏，孙浩. 基于DEMATEL-ANP的PPP项目融资风险分析［J］. 系统科学学报，2018，26（1）：131−135.

［116］弓晓敏，耿秀丽，孙绍荣. 基于二元语义DEMATEL和DEA的多属性群决策方法［J］. 计算机集成制造系统，2016，22（8）：1992−2000.

［117］余冠华. 基于多属性铁路事故数据集的聚类和关联规则分析方法研究

［D］.北京：北京交通大学，2019.

［118］WANG Z, REN J, GOODSITE M E, et al. Waste-to-energy, municipal solid waste treatment, and best available technology: Comprehensive evaluation by an interval-valued fuzzy multi-criteria decision making method［J］. Journal of Cleaner Production, 2018, 172: 887-899.

［119］SANG X, YU X, CHANG C T, et al. Electric bus charging station site selection based on the combined DEMATEL and PROMETHEE-PT framework［J］. Computers & Industrial Engineering, 2022, 168: 108116.

［120］何杜博，黄栋，石文成.基于群组DEMATEL与灰关联投影的供应商质量绩效评价［J］.系统工程与电子技术，2021，43（4）：980-990.

［121］BAYKASOĞLU A, GÖLCÜK İ. Development of an interval type-2 fuzzy sets based hierarchical MADM model by combining DEMATEL and TOPSIS［J］. Expert Systems with Applications, 2017, 70: 37-51.

［122］WANG Z, XU G, WANG H, et al. Distributed energy system for sustainability transition: A comprehensive assessment under uncertainties based on interval multi-criteria decision making method by coupling interval DEMATEL and interval VIKOR［J］. Energy, 2019, 169: 750-761.

［123］CHOU Y C, SUN C C, YEN H Y. Evaluating the criteria for human resource for science and technology(HRST) based on an integrated fuzzy AHP and fuzzy DEMATEL approach［J］. Applied Soft Computing, 2012, 12(1): 64-71.

［124］高喆.基于多准则决策方法的移动医疗增值因素研究［D］.上海：上海交通大学，2015.

［125］章玲，周德群，高岩，等.基于DEMATEL和Choquet积分的文明城市测评方法研究［J］.科研管理，2012，33（9）：71-77.

［126］张发明，王伟明.基于DEMATEL和Choquet积分的学术期刊综合评价研究［J］.情报科学，2018，36（5）：71-75.

［127］安相华，冯毅雄，谭建荣.基于DEMATEL和Choquet积分的质量特性映射方法［J］.计算机集成制造系统，2011，17（9）：1887-1896.

［128］张钦，陈纬.废旧汽车发动机再制造过程绿色经济效益评价［J］.现代制造工程，2021（12）：132-142.

［129］BAJAR K, KAMAT A, SHANKER S, et al. Blockchain technology: a catalyst for reverse logistics of the automobile industry [J]. Smart and Sustainable Built Environment, 2024, 13(1): 133−178.

[130] SACHAN S, BARVE A, KAMAT A, et al. Assessing the barriers towards the glocalization of India's mobile industry: An IVIFs-DEMATEL with Choquet integral method [J]. International Journal of Information Technology & Decision Making, 2022, 21(6): 1821−1858.

[131] MONDAL A, ROY S K. Application of Choquet integral in interval type-2 Pythagorean fuzzy sustainable supply chain management under risk [J]. International Journal of Intelligent Systems, 2022, 37(1): 217−263.

[132] YANG Y, LIN J, FU Y, et al. Tolerance framework for robust group multiple criteria decision making[J]. Expert Systems with Applications, 2022, 208: 118208.

[133] CORRENTE S, GRECO S, KADZIŃSKI M, et al. Robust ordinal regression in preference learning and ranking[J]. Machine Learning, 2013, 93: 381−422.

[134] 林萍萍, 李登峰, 江彬倩, 等. 属性关联的双极容度多属性决策 VIKOR 方法 [J]. 系统工程理论与实践, 2021, 41 (8): 2147−2156.

[135] LI J, YAO X, SUN X, et al. Determining the fuzzy measures in multiple criteria decision aiding from the tolerance perspective[J]. European Journal of Operational Research, 2018, 264(2): 428−439.

[136] HUANG L, WU J Z, BELIAKOV G. Multicriteria correlation preference information(MCCPI) with nonadditivity index for decision aiding[J]. Journal of Intelligent & Fuzzy Systems, 2020, 39(3): 3441−3452.

[137] WU J, YANG S, ZHANG Q, et al. 2-additive capacity identification methods from multicriteria correlation preference information [J]. IEEE Transactions on Fuzzy Systems, 2015, 23(6): 2094−2106.

[138] ZHANG W, JU Y, LIU X. Interval-valued intuitionistic fuzzy programming technique for multicriteria group decision making based on Shapley values and incomplete preference information[J]. Soft Computing, 2017, 21: 5787−5804.

[139] SIMON H A. Models of discovery [M]. Dordrecht: Springer, 1977.

[140] 韩田田. 基于复杂系统的应急管理协调研究 [D]. 长春: 吉林大学, 2012.

[141] 原继东. 基于复杂性科学视角的我国出版企业系统成长研究 [D]. 天津: 天津大学, 2012.

［142］OTTINO J M. Engineering complex systems［J］. Nature，2004，427（6973）：399-399.

［143］孙永河. 基于非线性复杂系统观的 ANP 决策分析方法研究［D］. 长春：吉林大学，2009.

［144］SUROWIECKI J. The wisdom of crowds［M］. Boston：Little Brown，2005.

［145］邱菀华. 群组决策系统的熵模型［J］. 控制与决策，1995，10（1）：50-54.

［146］SHAFER G. A mathematical theory of evidence［M］. Princeton：Princeton University Press，1976.

［147］韩崇昭，朱洪艳，段战胜. 多源信息融合［M］. 北京：清华大学出版社，2010.

［148］ZHAO J，XUE R，DONG Z，et al. Evaluating the reliability of sources of evidence with a two-perspective approach in classification problems based on evidence theory［J］. Information Sciences，2020，507：313-338.

［149］JOUSSELME A L，GRENIER D. A new distance between two bodies of evidence［J］. Information Fusion，2001，2（2）：91-101.

［150］LIU W. Analyzing the degree of conflict among belief functions［J］. Artificial Intelligence，2006，170（11）：909-924.

［151］WEN C，WANG Y，XU X. Fuzzy information fusion algorithm of fault diagnosis based on similarity measure of evidence［C］// SUN F C，ZHANG J W，TAN Y，et al. Advances in neural networks-ISNN 2008. Berlin：Springer，2008：506-515.

［152］SMETS P. Belief functions：the disjunctive rule of combination and the generalized Bayesian theorem［J］. International Journal of Approximate Reasoning，1993，9（1）：1-35.

［153］YAGER R R. On the Dempster-Shafer framework and new combination rules［J］. Information Sciences，1987，41（2）：93-137.

［154］CHOQUET G. Theory of capacities［J］. Annales de l'institut Fourier，1954，5：131-295.

［155］ZHANG Z X，WANG L，WANG Y M，et al. A novel alpha-level sets based fuzzy DEMATEL method considering experts' hesitant information［J］. Expert Systems with Applications，2023，213：118925.

［156］HU K H. An exploration of the key determinants for the application of AIenabled higher education based on a hybrid Soft-computing technique and a DEMATEL approach[J]. Expert Systems with Applications, 2023, 212: 118762.

[157] FENG D, ZHOU J, JING L, et al. Adaptability evaluation of conceptual design for smart product-service system: An integrated rough DEMATEL and Bayesian network model[J]. Journal of Cleaner Production, 2023, 417: 137999.

[158] 徐建军, 杨晓伟. 浙江省"双创"发展水平的综合评价及其影响因素分析 [J]. 科技管理研究, 2022, 42（9）: 70-75.

[159] DU P, GONG X, HAN B, et al. Carbon-neutral potential analysis of urban power grid: A multi-stage decision model based on RF-DEMATEL and RF-MARCOS[J]. Expert Systems with Applications, 2023, 234: 121026.

[160] 邓春林, 刘晓晴. 重大突发事件中社交媒体用户情感体验关键影响因素识别研究 [J]. 情报科学, 2023, 41（9）: 48-58.

[161] 谢雨蓉, 王庆云, 高咏玲. 基于模糊 DEMATEL 的中欧班列发展影响因素研究 [J]. 学习与探索, 2020, 299（6）: 135-141.

[162] LI Y, ZHAO K, ZHANG F. Identification of key influencing factors to Chinese coal power enterprises transition in the context of carbon neutrality: A modified fuzzy DEMATEL approach[J]. Energy, 2023, 263: 125427.

[163] 段万春, 王玉华. 知识共享视角下组织跨层级学习转化效率评价研究 [J]. 科技进步与对策, 2017, 34（24）: 146-153.

[164] 赵振宇, 张舒阳, 葛潇. 基于地理信息技术和模糊层次分析-模糊决策试行与评价实验方法（AHP-DEMATEL）的区域大型光伏电站选址指标体系构建: 以内蒙古为例 [J]. 科技管理研究, 2023, 43（6）: 78-87.

[165] GUPTA R K, AGARWALLA R, NAIK B H, et al. Prediction of research trends using LDA based topic modeling[J]. Global Transitions Proceedings, 2022, 3（1）: 298-304.

[166] PROBIERZ B, KOZAK J, HRABIA A. Clustering of scientific articles using natural language processing[J]. Procedia Computer Science, 2022, 207: 3449-3458.

[167] ZHANG M, LI X, YUE S, et al. An empirical study of TextRank for keyword extraction[J]. IEEE Access, 2020, 8: 178849-178858.

[168] 王华敏, 黄梦醒, 冯文龙, 等. 基于改进音形码与HowNet的中文词相似度检测算法 [J]. 计算机仿真, 2022, 39（8）: 460-465+472.

［169］张莹，王志浩.基于层次分析法的科技项目同行评议专家综合评价体系构建研究［J］.昆明理工大学学报（社会科学版），2021，21（5）：88-96.

［170］庆海涛，李刚.智库专家评价指标体系研究［J］.图书馆论坛，2017，37（10）：22-28.

［171］李淑芬，赵红，陈国清.专家权威性评价量化模型的研究［J］.科研管理，1995（3）：12-15.

［172］YE J，DANG Y，LI B. Grey-Markov prediction model based on background value optimization and central-point triangular whitenization weight function［J］. Communications in Nonlinear Science and Numerical Simulation，2018，54: 320-330.

［173］王路，邢清华，毛艺帆.基于信任度和确定度的证据加权组合方法［J］.通信学报，2017，38（1）：83-88.

［174］李文立，郭凯红.D-S证据理论合成规则及冲突问题［J］.系统工程理论与实践，2010，30（8）：1422-1432.

［175］狄鹏，倪子纯，尹东亮.基于云模型和证据理论的多属性决策优化算法［J］.系统工程理论与实践，2021，41（4）：1061-1070.

［176］徐泽水，张申.概率犹豫模糊决策理论与方法综述［J］.控制与决策，2021，36（1）：42-51.

［177］GAO J，XU Z，LIAO H. A dynamic reference point method for emergency response under hesitant probabilistic fuzzy environment［J］. International Journal of Fuzzy Systems，2017，19: 1261-1278.

［178］PENG Y，TAO Y，WU B，et al. Probabilistic hesitant intuitionistic fuzzy linguistic term sets and their application in multiple attribute group decision making［J］. Symmetry，2020，12(11): 1932.

［179］RODRIGUEZ R M，MARTINEZ L，HERRERA F. Hesitant fuzzy linguistic term sets for decision making［J］. IEEE Transactions on Fuzzy Systems，2011，20（1）：109-119.

［180］Moore R E. Interval analysis［M］. Englewood Cliffs: Prentice-Hall，1966.

［181］VAN LAARHOVEN P J M，PEDRYCZ W. A fuzzy extension of Saaty's priority theory［J］. Fuzzy Sets and Systems，1983，11(1/3): 229-241.

［182］ISHIBUCHI H，TANAKA H. Multiobjective programming in optimization of the interval objective function［J］. European Journal of Operational Research，1990，48（2）：

219-225.

[183] 徐泽水. 三角模糊数互补判断矩阵的一种排序方法 [J]. 模糊系统与数学, 2002 (1)：47-50.

[184] 冯向前, 谭倩云, 钱钢. 犹豫模糊语言的可能度排序方法 [J]. 控制与决策, 2016, 31 (4)：640-646.

[185] 余旺旺. 基于可能度的不同语言信息的排序方法研究 [D]. 芜湖：安徽师范大学, 2020.

[186] 韩玮, 孙永河, 缪彬. 不完备判断信息情境下群组 DEMATEL 决策方法 [J]. 中国管理科学, 2021, 29 (5)：231-239.

[187] COMBARRO E F, MIRANDA P. Identification of fuzzy measures from sample data with genetic algorithms[J]. Computers & Operations Research, 2006, 33(10): 3046-3066.

[188] WANG X Z, HE Y L, DONG L C, et al. Particle swarm optimization for determining fuzzy measures from data[J]. Information Sciences, 2011, 181(19): 4230-4252.

[189] 王坚强, 聂荣荣. 准则关联的直觉模糊多准则决策方法 [J]. 控制与决策, 2011, 26 (9)：1348-1352.

[190] LOU S, FENG Y, LI Z, et al. Two-additive fuzzy measure-based information integration approach to product design alternative evaluation [J]. Journal of Industrial Information Integration, 2022, 25: 100247.

[191] KOJADINOVIC I. Estimation of the weights of interacting criteria from the set of profiles by means of information-theoretic functionals[J]. European Journal of Operational Research, 2004, 155(3): 741-751.

[192] SHIEH J I, WU H H, LIU H C. Applying a complexity-based Choquet integral to evaluate students' performance [J]. Expert Systems with Applications, 2009, 36(3): 5100-5106.

[193] KOJADINOVIC I. Minimum variance capacity identification [J]. European Journal of Operational Research, 2007, 177(1): 498-514.

[194] LUTHRA S, GOVINDAN K, KANNAN D, et al. An integrated framework for sustainable supplier selection and evaluation in supply chains [J]. Journal of Cleaner Production, 2017, 140: 1686-1698.

［195］GOVINDAN K, SIVAKUMAR R. Green supplier selection and order allocation in a low-carbon paper industry: integrated multi-criteria heterogeneous decision-making and multi-objective linear programming approaches［J］. Annals of Operations Research, 2016, 238(1): 243-276.

［196］AKMAN G. Evaluating suppliers to include green supplier development programs via fuzzy c-means and VIKOR methods［J］. Computers & Industrial Engineering, 2015, 86: 69-82.

［197］HANDFIELD R, WALTON S V, SROUFE R, et al. Applying environmental criteria to supplier assessment: A study in the application of the analytical hierarchy process ［J］. European Journal of Operational Research, 2002, 141(1): 70-87.

［198］HENDIANI S, MAHMOUDI A, LIAO H. A multi-stage multi-criteria hierarchical decision-making approach for sustainable supplier selection［J］. Applied Soft Computing, 2020, 94: 106456.

［199］CHERAGHALIPOUR A, FARSAD S. A bi-objective sustainable supplier selection and order allocation considering quantity discounts under disruption risks: A case study in plastic industry［J］. Computers & Industrial Engineering, 2018, 118: 237-250.

［200］姜力文, 唐金环, 饶卫振, 等. 碳中和视角下奖惩机制对逆向供应链碳减排与回收价格的影响 ［J］. 管理工程学报, 2024, 38 (2): 121-138.

［201］PENG P, SHEHABI A. Regional economic potential for recycling consumer waste electronics in the United States［J］. Nature Sustainability, 2023, 6(1): 93-102.

［202］HOANG A Q, TUE N M, TU M B, et al. A review on management practices, environmental impacts, and human exposure risks related to electrical and electronic waste in Vietnam: Findings from case studies in informal e-waste recycling areas ［J］. Environmental Geochemistry and Health, 2023, 45(6): 2705-2728.

［203］ABDELBASIR S M, EL-SHELTAWY C T, ABDO D M. Green processes for electronic waste recycling: a review ［J］. Journal of Sustainable Metallurgy, 2018, 4: 295-311.

［204］SAHAJWALLA V, GAIKWAD V. The present and future of e-waste plastics recycling［J］. Current Opinion in Green and Sustainable Chemistry, 2018, 13: 102-107.